小學生漫畫科學大冒險

洪承佑 作·繪　張益準 企劃　游芯歆 翻譯

小學生漫畫科學大冒險

伊格納貝爾博士的瘋狂實驗室

①

洪承佑 作・繪　張益準 企劃
游芯歆 翻譯

作者序

小朋友們，大家好！
我是創作和繪製這本書的漫畫家洪承佑。

大家喜歡科學嗎？
我從小就一直很崇拜科學家們。
因為這些科學家以豐富的科學知識為基礎，
讓世界變得更精采、更美好，
為後代子孫留下了一個永續發展的地球。

然而，我一直想像著，有一位比他們更有魅力的天才科學家，
隱居在無人知曉的地方，建立了一座自己的祕密研究室，
隨著不斷湧現的創意，每天都沉浸在研究之中。

因為他是一位不問世事只埋首自己研究的科學家，
所以會給人一種看起來有點瘋瘋癲癲的感覺。
或許正是因為我總是幻想著有這麼一位熱愛自己工作的奇葩
科學家會拯救陷入危機的世界，
那個崇拜科學家的孩子，長大以後就成了漫畫家洪承佑。

而「伊格納貝爾博士」這個角色，
就是我把從小珍藏在心中對奇葩科學家的想
像，帶進了我的漫畫世界。

伊格納貝爾博士是以「伊格諾貝爾獎（Ig Nobel Prize）」，
又名「搞笑諾貝爾獎」命名的。
大家都知道每年頒發給最優秀科學家們的「諾貝爾獎」吧？
搞笑諾貝爾獎就是模仿諾貝爾獎，
頒發給進行了最離譜、最奇葩研究的科學家。

雖然獲得搞笑諾貝爾獎的科學家們全都是一群認真研究的人，
但在世人眼中，他們的研究成果卻顯得離譜、荒誕又搞笑。
而為什麼不是頒發諾貝爾獎，而是頒發搞笑諾貝爾獎給這些奇葩科學家呢？
理由就是為了鼓勵他們繼續向前邁進，不要停下來，
因為科學就是在重複無數次的失敗和挑戰中向前邁進的。

伊格納貝爾博士的祕密研究室就位於我家附近公園的地底下。
那裡有一位奇葩科學家不時隨著腦中湧現的創意，進行奇怪的實驗。
誠摯邀請大家來到創意成為研究主題、實驗成為大冒險的研究室。

那麼，就讓我們一起打開伊格納貝爾博士的科學研究室大門，
一起展開充滿歡樂又緊張刺激的大冒險吧！Let's go～

目次

作者序　4

第1章　只有青少年才聽得到的刺耳聲音，摩斯奇多高頻發射器 8

實在又有趣的科學知識　為什麼年紀大了就聽不到高頻音？・我想隔絕嘈雜的噪音！

第2章　啄木鳥為什麼不會頭痛？大腦結構中的祕密 24

實在又有趣的科學知識　啄木鳥驚人的舌頭！・常見的啄木鳥種類

第3章　按摩「那裡」是停止打嗝的最好方法嗎？ 40

實在又有趣的科學知識　橫膈膜與打嗝的關係・刺激迷走神經就可以止嗝嗎？

第4章　不管要拍多少次，我一定要拍到大家都睜著眼睛的照片！ 56

實在又有趣的科學知識　人為什麼會眨眼睛？・我被拍成紅眼睛了！

第5章　我喜歡美味乾淨的便便！糞金龜鑿鑿有據的吶喊 72

實在又有趣的科學知識　滾過恐龍便便的糞金龜・製造模仿昆蟲構造的機器人！

第6章　為什麼聽到恐怖故事就會起雞皮疙瘩？ 88

實在又有趣的科學知識　為什麼鬼總是在夜裡出現？・約會時該看恐怖電影嗎？

第7章 天啊～動物竟然開口說話了！ 104
實在又有趣的科學知識　想知道狗狗都在想些什麼嗎？・狗狗真的愛我們嗎？

第8章 100%量身訂製的萬能超級西裝誕生！ 120
實在又有趣的科學知識　防火布料的祕密・比頭髮還細的超細纖維

第9章 擾人清夢的破壞者鬧鐘竟然長腳了！ 136
實在又有趣的科學知識　在車上補眠到站時會自動醒來？・魚生活在水中也會睡覺嗎？

第10章 非法入侵床鋪的塵蟎，滾出去！ 152
實在又有趣的科學知識　過敏是免疫系統出了問題・探索奈米世界的電子顯微鏡

第11章 防暴網發射器～幫我抓壞人！ 168
實在又有趣的科學知識　比鋼鐵更強的纖維・助警察一臂之力的科學

第12章 便便香草冰淇淋裡有些特別的東西！ 184
實在又有趣的科學知識　香草是香味，不是口味！・用化學製造香味

圖片來源 202

聽說有一種頻率只有蚊子聽得到!
不是說還有一種頻率只有小孩才聽得到嗎?
什麼,大人聽不到,只有小孩聽得到?
哇!太神奇了~

第1章

只有青少年才聽得到的刺耳聲音，摩斯奇多高頻發射器

高潮迭起的摩斯奇多發明記

開學的第一天
黎子水面前出現了耍威風的可怕學長們。
「博士,請您幫幫忙,
讓那些學長不要再來欺負我!」

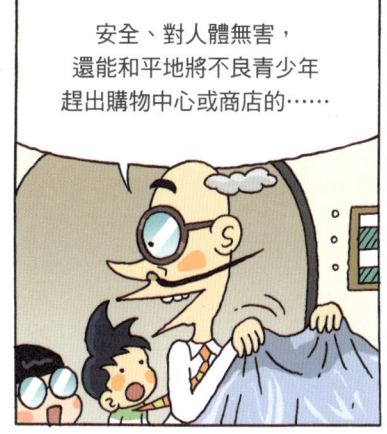

*摩斯奇多（Mosquito）：「蚊子」的英語音譯。

為什麼年紀大了就聽不到高頻音？

 具有聽覺細胞的耳蝸

聲音是利用透過空氣擴散的聲波振動傳播，從發聲處擴散開來的振動進入耳朵、觸及鼓膜時，鼓膜就會將振動放大傳送到耳朵內部，從鼓膜傳來的振動便會經由聽小骨抵達耳蝸。

耳蝸，顧名思義，它的外型就像蝸牛殼一樣捲曲呈螺旋狀。耳蝸裡充滿了一種稱為淋巴液的液體，以及可以感受聲音的聽覺細胞。聽覺細胞的模樣就像頭髮或絲線，所以也稱為毛細胞。當振動傳送到耳蝸時，淋巴液中的聽覺細胞在振動的晃蕩下感受到聲音，再透過聽覺神經將訊號傳送到大腦，由大腦來辨識聲音。

聽到聲音的過程

① 聲波振動進入耳朵，觸及鼓膜。
② 鼓膜的振動經由聽小骨傳送到耳蝸。
③ 耳蝸中的聽覺細胞感受振動的頻率。
④ 聽覺細胞透過聽覺神經將訊號傳送到大腦。
⑤ 大腦會在訊號通過時進行解讀。
⑥ 大腦的聽覺皮質辨識出這是什麼聲音。

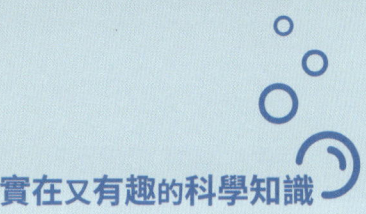

實在又有趣的科學知識

高音是高頻的聲音

聲音的高低是由聲波的振動頻率來決定的。振動頻率也稱為週波，是指相同時間內的振動次數，以赫茲（Hz）為單位來表示。在相同時間內聲波振動的次數愈多，就表示發出的聲音愈高，由於赫茲值很高，所以也被稱為高頻聲音。

耳蝸會將振動從外部傳送到內部。耳蝸外側有感受高頻聲音的聽覺細胞，愈往裡面則是愈能感受低音——即低頻聲音的聽覺細胞。

當聽覺細胞受損時

人類一般可以聽到20～2萬赫茲之間的聲音。然而，隨著年齡的增長，人類可以聽到聲音的頻率範圍會逐漸縮小，聽不到的聲音則愈來愈多。據說人在三十歲後聽不到1萬6千赫茲以上的高音，四十歲後聽不到1萬4千赫茲以上的高音，五十歲後則聽不到1萬2千赫茲以上的高音。

年紀愈大愈聽不到高音的原因，除了自然老化的因素之外，還因為長期處於噪音的環境中，從耳蝸外側感受高音的聽覺細胞開始受損的緣故。如果年長者的聽覺細胞受損嚴重的話，也可能出現聽不懂他人說話的情況，這是因為他們聽不清楚以高頻發聲的子音或母音。

近來也有愈來愈多的年輕人像老年人一樣聽不清楚聲音，這是因為他們在噪音污染嚴重的地區生活，或經常在使用耳機時調到太大的音量，導致聽覺細胞受損。聽覺細胞一旦受損，就永遠無法再生，因此要時常留意聽音樂、看影片時的音量，避免聽覺細胞受損。

21

我想隔絕
嘈雜的噪音！

 狗的聽力遠比人類優秀

　　有時候，當人還沒聽到任何聲音時，小狗就已經先起身跑向玄關了。神奇的是，真的馬上就有人進了家門，或者有包裹送達。人類聽不到的聲音，小狗怎麼會先聽到呢？

　　人類能聽到的聲音介於20～2萬赫茲之間，而犬類雖然因品種而稍有差別，但通常犬類能聽到的聲音介於15～5萬赫茲之間，因為狗的耳蝸比人的耳蝸長，具有更多的聽覺細胞，因此可以聽到人類聽不到的高頻聲音。而且狗從外耳到鼓膜的孔洞也很長，所以可以聽到的距離是人類的四倍。

　　就像有些聲音青少年聽得到，老年人卻聽不到一樣，也有人特意製造出高頻音的哨子，用來發出人類聽不到、只有狗才聽得到的聲音，據說便是為了在不干擾他人的情況下呼喚狗所使用的道具。

 狗和貓，誰的聽力更好？

　　狗可以聽到15～5萬赫茲之間的聲音，而貓則可以聽到60～6萬5千赫茲的聲音，連狗聽不到的頻率聲音都能聽得到。貓科動物的聽力是為了狩獵而發達起來的，透過180度地轉動三角形耳廓，牠們就可以掌握獵物的位置或距離。據說，貓連相同聲音之間的細微差異都聽得出來，這有助於牠們推測獵物的種類和大小。即使貓狗同屬寵物，相較於狗，貓還殘留著更多野性，所以對聲音的反應比狗更敏感。

實在又有趣的科學知識

 發射超音波代替眼睛的蝙蝠

　　對於野生動物來說，聽覺是非常重要的一種感覺。比起用眼睛看，用耳朵聽可以掌握更遠的情況，沉睡時也可以一聽到聲音就醒過來，因此聽覺在動物的生存中扮演著重要的角色。動物的某些特定感覺會隨著環境退化，但聽覺卻不曾跟著退化。

　　生活在洞穴裡的蝙蝠，因為一直處在黑暗的環境中，用眼睛視物的能力退化了，但牠們卻利用發射超音波的聽覺能力來代替眼睛。當牠們用耳朵聽到撞到洞穴反彈回來的超音波，就能掌握障礙物的位置和距離。蝙蝠利用超音波甚至能捕食飛過的昆蟲，此時蝙蝠發出的超音波簡直就像飛機引擎聲音一樣嘈雜，但人類的耳朵卻聽不到。

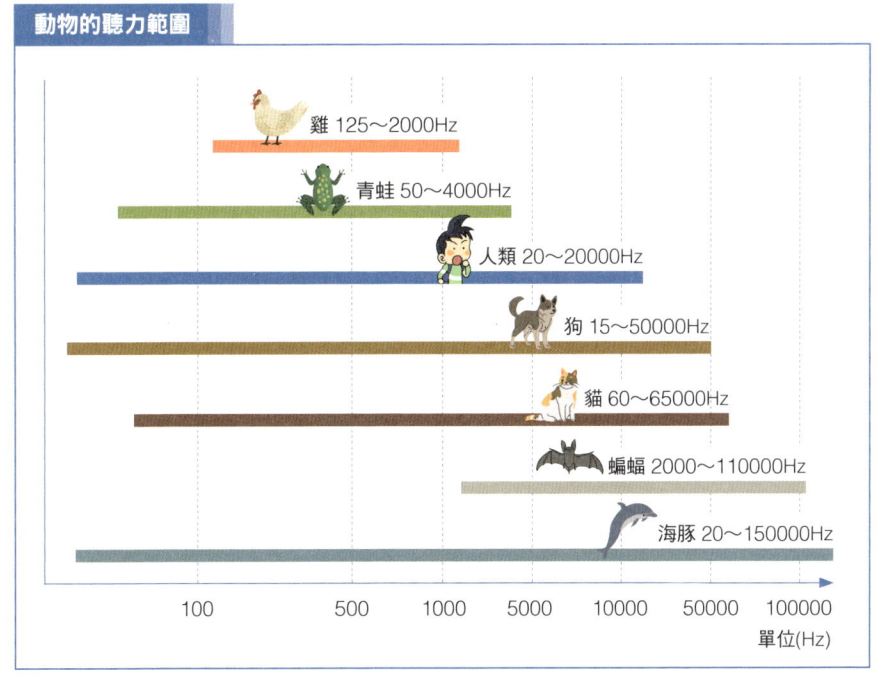

動物的聽力範圍

- 雞 125～2000Hz
- 青蛙 50～4000Hz
- 人類 20～20000Hz
- 狗 15～50000Hz
- 貓 60～65000Hz
- 蝙蝠 2000～110000Hz
- 海豚 20～150000Hz

單位(Hz)

23

叩叩叩叩～一秒敲擊大樹二十下的啄木鳥,
難道不會頭痛欲裂嗎?
什麼?啄木鳥不用擔心頭痛?
原因就藏在頭骨和下顎骨中!

第2章
啄木鳥為什麼不會頭痛？
大腦結構中的祕密

啄木鳥的祕密

為什麼啄木鳥
一刻不停地啄著樹幹
也從不頭痛？
奇思妙想的伊格納貝爾博士
為了解開這個祕密
埋伏到山上去了！

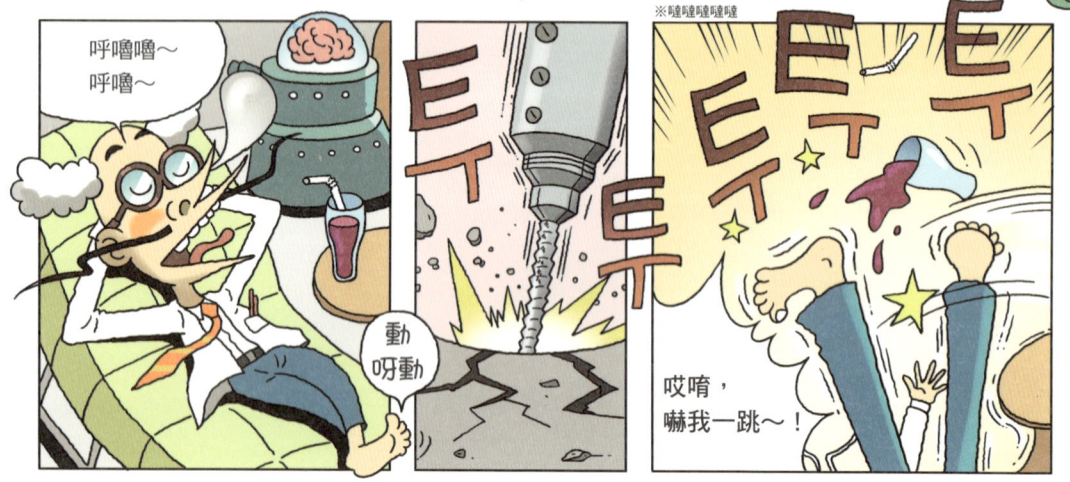

27

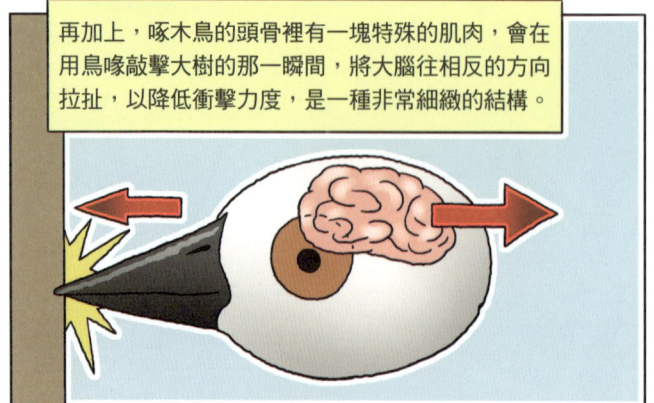

別動！
再動就開槍了！
啊？
喀嗒
搞什麼！
射擊！
喀嗒
嗝呃
昏倒
！
咚
博士！
您還好嗎！
水！
水！
咕嚕
咕嚕
真是對不起，
他穿著軍服在山裡
晃來晃去的，就被人誤會
是逃兵或是間諜。
麻煩跟他說
下次小心點。
是你把我
關起來的嗎？
叩叩
痛！
好。

啄木鳥驚人的舌頭！

啄木鳥是樹木醫生

　　啄木鳥會在樹幹上鑿洞築巢和下蛋。在樹幹上鑿洞的啄木鳥是有害森林的鳥類嗎？因為啄木鳥會捕食鑽進樹皮裡的蟲子，反而有助於樹木和森林的生長，所以也被稱為「樹木醫生」。一隻撫育雛鳥的啄木鳥一天甚至可以捕食超過2,000隻毛毛蟲。

啄木鳥緊抓住樹幹的爪子

　　大多數的鳥都是停棲在樹枝上，但啄木鳥卻是緊貼在樹幹上。這是因為牠要尋找蟲子，所以才以漩渦狀的方式一面查看樹幹，一面往上爬。因此，與其他鳥類相比，啄木鳥的鳥爪顯得十分獨特，爪子的模樣就像英文字母的「X」一樣向四面張開，可以緊緊地抓牢樹皮。

鴨蹼、鷹爪、啄木鳥爪的差別

| 鴨子 | 老鷹 | 啄木鳥 |

實在又有趣的科學知識

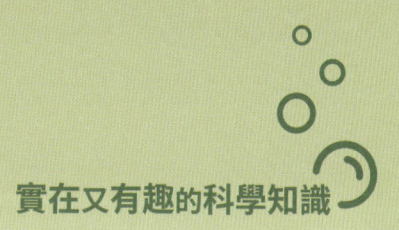

啄木鳥有自己特定的節奏

全世界約有200多種啄木鳥，根據研究啄木鳥的啄木聲結果發現，各種類的啄木鳥是按照自己特定的速度和節拍來敲擊樹幹的。啄木鳥的啄木聲也具有標示領地的作用，即使是同種類的啄木鳥在築巢和捕蟲時的聲音也不一樣。所以研究啄木鳥的科學家們表示，從啄木聲就可以判斷啄木鳥的種類和牠現在的行為。

啄木鳥的舌頭會保護大腦

與其他的鳥類相比，啄木鳥的舌頭顯得特別長。而且特別的不只是長度，牠們的舌頭還穿過右鼻孔分叉成兩條繞過頭骨兩側，再由鳥喙下方的孔進入喙中合成一條舌頭。平時長舌以包覆著頭部的形態捲曲在頭骨裡，也負責保護大腦免於受到啄木時所產生的衝擊。

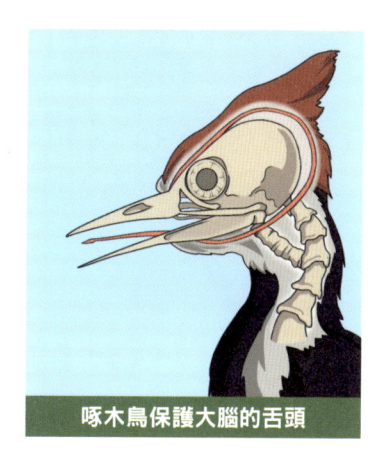

啄木鳥保護大腦的舌頭

啄木鳥的舌頭會捕捉蟲子

啄木鳥鑿完洞後，會將長長的舌頭塞進洞裡去捕捉蟲子。啄木鳥的舌頭上沾有黏稠的分泌物和粗糙的尖刺，因此能讓牠們捕捉蟲子時更輕鬆。另外，啄木鳥的舌尖有一個叫做「耳」的部位，上面佈滿了能感知震動的神經，可以感受到蟲子輕微的震動，進而找到獵物。

常見的啄木鳥種類

韓國的啄木鳥都是留鳥，全世界200多種啄木鳥中，生活在韓國的約有11種。

白腹黑啄木鳥

　　這是一種全世界只有韓國才有的啄木鳥，除了腹部是白色之外，全身都是黑色的，頭上有紅羽毛的是公鳥。白腹黑啄木鳥為韓國天然紀念物第197號，最後一次目擊到白腹黑啄木鳥的時間是1989年，因此有可能已經絕種。

黑啄木鳥

　　被定為韓國天然紀念物第242號的黑啄木鳥，大小和外型與白腹黑啄木鳥相似，但全身都是黑色的。公鳥的特徵是頭頂上方長滿了正紅色羽毛，而母鳥則只有後腦上的羽毛是紅色的，很容易區分公母。

實在又有趣的科學知識

斑啄木鳥

　　這是韓國最常見的啄木鳥，大小約23公分。顧名思義，這種啄木鳥具有斑斕的色彩，頭上有紅色羽毛的是公鳥。還有一種外形相似，約25公分大小的，稱為大斑啄木鳥。

小星頭啄木鳥

　　體長約13公分，是生活在韓國的啄木鳥中最小的一種。除了背部是灰褐色之外，背上和翅膀上都有著白色橫紋，胸部和肋下有褐色豎紋，而頭頂兩側有紅色條紋的是公鳥。

我試過暫停呼吸，也試過狂灌水，
到底要怎樣才能停止這討厭的打嗝呢？
什麼？按摩那裡？
呃，那裡要怎麼按摩呀？哎喲，好尷尬～！

第3章

按摩「那裡」是停止打嗝的最好方法嗎？

一直打嗝真受不了～！

嗝～嗝～嗝！
打嗝打個不停，
讓黎子水好難受。
他擔心自己是不是得了重病，
不然怎麼試過各種方法都不管用？
為了幫助可憐的黎子水，
伊格納貝爾博士想出來的
最後辦法是什麼？

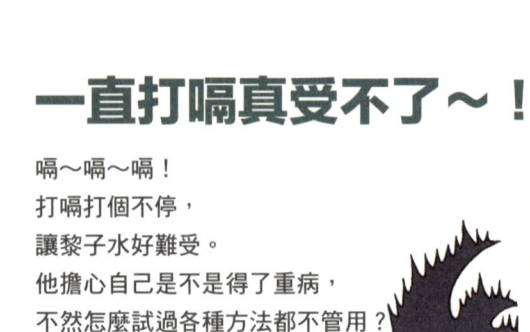

躡手躡腳

找到了！起司蛋糕！

黎子水，你今天吃太多了，剩下的明天再吃，我先冰進冰箱。

我還想再吃……

這麼好吃的東西，我哪可能等到明天……

嚼嚼

唉唷？怎麼覺得有點怪怪的？

嗝！

卡住！

嗝
嗝
嚇死我了！
昨天晚上吃了起司蛋糕後就一直打嗝，害我整晚都沒睡……到底要怎樣才能停下來……？
叫你不要吃，你還偷吃，這不是活該嘛！
等我一下喔！
?
我要吸你的血~~~
嗚 嗚 嗚 嗚 嗚
哇啊！
嗝！
唉，嚇一跳也沒用。
…
害我差點嚇破膽！
抱歉！

都咪蕾、黎子水，
你們不上課在幹嘛，
去走廊上舉起手罰站十分鐘。
啊！
嘻
嘻嘻
這樣不行，得找伊格納貝爾博士
求救！
先把假髮拿下來！
嗝
嗝
嗝
嗝
唉唷，
怎麼辦～
打嗝打得
很嚴重耶！
博士！
求您救救我！
打嗝打得我都沒辦法
好好過日子了。
看你這樣，我想起了那篇
新聞報導。我找找看……
新聞報導？
就是這篇。
嗝
唰
美國佛羅裡達州有一個名叫「珍妮佛」
的少女打嗝超過三週都停不下來，
所以登地方報紙尋求協助。
三週！

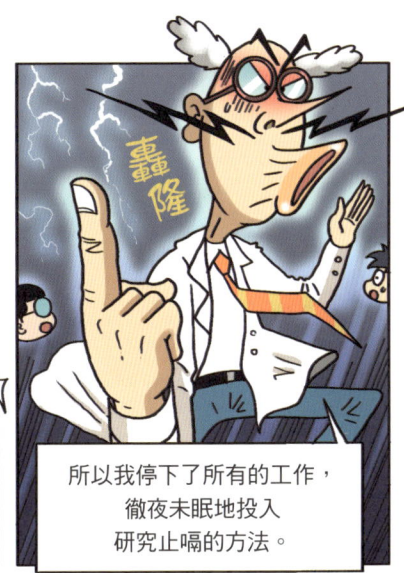

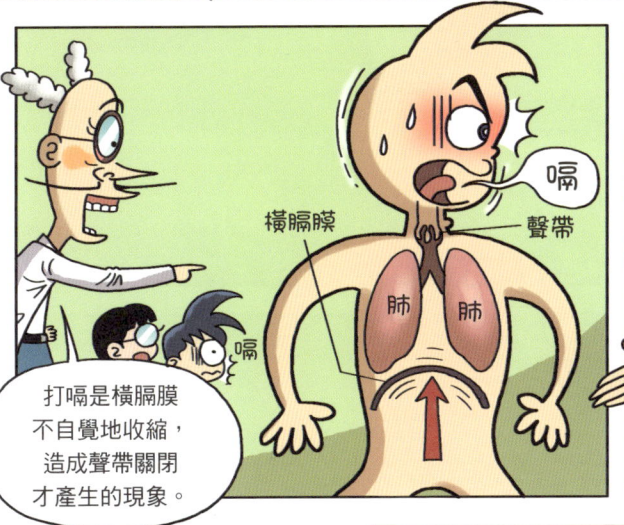

她試過各種民間療法，還嘗試了血液檢查、電腦斷層掃描、核磁共振檢查和藥物治療，都沒辦法止住打嗝。

為了止嗝的各種食物

嗝 嗝

這個事件讓我領悟到，即使是微小的現象一直持續的話也會造成巨大的痛苦。

轟隆

所以我停下了所有的工作，徹夜未眠地投入研究止嗝的方法。

橫膈膜　聲帶　肺　肺

嗝

打嗝是橫膈膜不自覺地收縮，造成聲帶關閉才產生的現象。

大家都說驚嚇可以止嗝，對吧？

是呀！嗚～～

妳夠了！

嗝

少爺～

這其實是因為體內的迷走神經受到刺激才止嗝的。

迷走神經？

嗝 嗝

我們一起踢足球

屬於大腦神經之一的迷走神經在人體受到某種刺激時……

45

好棒！
有比打嗝更重要的工作要處理，那就是踢足球！
咦，不知不覺就止嗝了。
喂，小心！
砰
躲
迷走神經把注意力轉到別的地方去，打嗝就停下來了！
噗咻咻
鏘
這是我耗費幾個月研究開發出來的成果，也是我努力的結晶！現在就讓我介紹這個止嗝利器——迷走神經刺激器！
迷走神經刺激器？
來，黎子水，進到儀器裡面！
呃
嗝
哇，好棒的沙發！
來，黎子水，舒服地躺在那沙發上。

47

按摩眼睛四周！
抽動
抽動
呃啊啊～！
嗝
好，第三階段！
按
把手指頭放進耳朵裡輕輕按揉
※咯咯咯
挖呀挖
挖挖
嗝
嗝嗝
?
我這麼積極地刺激迷走神經，怎麼還停不下來～打嗝這傢伙還真是難纏！
看來博士把打嗝當成對手了。
很好！那就提高等級吧！
吱嘎咚
升級～

閉氣
15秒！
按
噗
咦？
噗噗
噗嚕嚕
呃啊！
屁味好臭！
黎子水，你忍耐一下，
閉氣時血液裡的
二氧化碳會增加，
這時大腦的注意力會更集中
在排除二氧化碳的事情上，
就會讓打嗝停下來。
我必須忍，
我忍忍忍！
15秒後
咻
咻咻
清除阿摩尼亞
唔！
供給
新鮮氧氣！
忐忑不安……
嗝
還打呀！

博士，止嗝結果失敗了嗎？
我的字典裡沒有失敗這個詞。
啪
!
我本來不想用這招的……但為了黎子水可以繼續舒適的日常生活，這下也不得不用了！
失……只有「失誤」沒有「失敗」這個詞耶！
按下
黎子水，辛苦你了，現在這是最後一個階段了。
上帝、佛祖、阿拉真神，這是最後一次，請保佑我成功！嗝！
嗡嗡
咦！沙發變成馬桶了？
咻
脫下褲子，坐到馬桶上來！
!
伸出
只要能停止打嗝就好！嗯~~悠揚的樂聲真不錯！

嘎
博士，謝謝您！
再見！
慢走！
哇，真的好驚險。用盡了各種方法都不行，最後才終於成功了。黎子水，最後那個階段畫面關掉了，我沒看到是用哪種方法止嗝的，是怎麼做到的呀？
管那麼多，我不想講！
終於用「按摩肛門手指」搞定了！刺激神經不僅會使心跳減緩，還能停止打嗝喔！
這次的研究也成功了！
嗝嗝
到底是用了什麼方法？
討厭！就說不跟妳講啦！
咻
3天後
結果我也坐在了這裡！
嗝！

橫膈膜與打嗝的關係

橫跨胸部和腹部的橫膈膜

橫膈膜是一種橫擋在哺乳類動物的胸部和腹部之間的半月形肌肉，也稱為橫膈肌。以橫膈膜為界，胸側空間稱為胸腔，腹側空間則稱為腹腔。橫膈膜上有食道和血管穿過的孔洞。

呼吸和橫膈肌

吸氣時
- 胸部擴張
- 肋骨上升
- 橫膈膜
- 橫膈膜下降

呼氣時
- 胸部收縮
- 肋骨下降
- 橫膈膜上升

實在又有趣的科學知識

有助於呼吸的橫膈膜

哺乳動物以膨脹肺部的方式導入空氣，再吸收氧氣後排出二氧化碳，這樣的行為就稱為呼吸。由於肺臟沒有肌肉，無法自行運動，因此位於肺臟正下方的橫膈膜和肋骨便在呼吸運動中扮演重要角色。

吸氣時，肋骨上升、橫膈膜下降、胸腔擴張，胸腔壓力下降，會使得外部空氣流入肺部。相反地，呼氣時，肋骨下降、橫膈膜上升、胸腔收縮，迫使空氣排出肺部。

打嗝之謎

橫膈膜也像心肌一樣，是我們無法自主控制的不隨意肌。當橫膈膜突然收縮或出現痙攣時，造成聲帶突然關閉而發出的聲音，就是打嗝。至於橫膈膜究竟是受到什麼樣的刺激才會出現打嗝現象，目前還無法明確得知。有些人在狼吞虎嚥時會打嗝，有些人則在體溫突然出現變化時容易打嗝。

即使是媽媽肚子裡的胎兒也會打嗝，這被視為呼吸器官形成過程中發生的一種自然現象，也表示胎兒正在練習呼吸。有橫膈膜的動物也會打嗝，如果家中有養貓狗的話，或許就有機會看到牠們打嗝。

53

刺激迷走神經就可以止嗝嗎？

脊髓神經和腦神經

神經是我們體內傳遞訊號的通道，從大腦出發擴散到全身的神經可以大致分為兩種，即脊髓神經和腦神經。脊髓神經是從脊髓分叉而出的31對神經，由頸神經、胸神經、腰神經、薦神經和尾神經所組成；腦神經則是直接從大腦發出的神經，總共有12對。

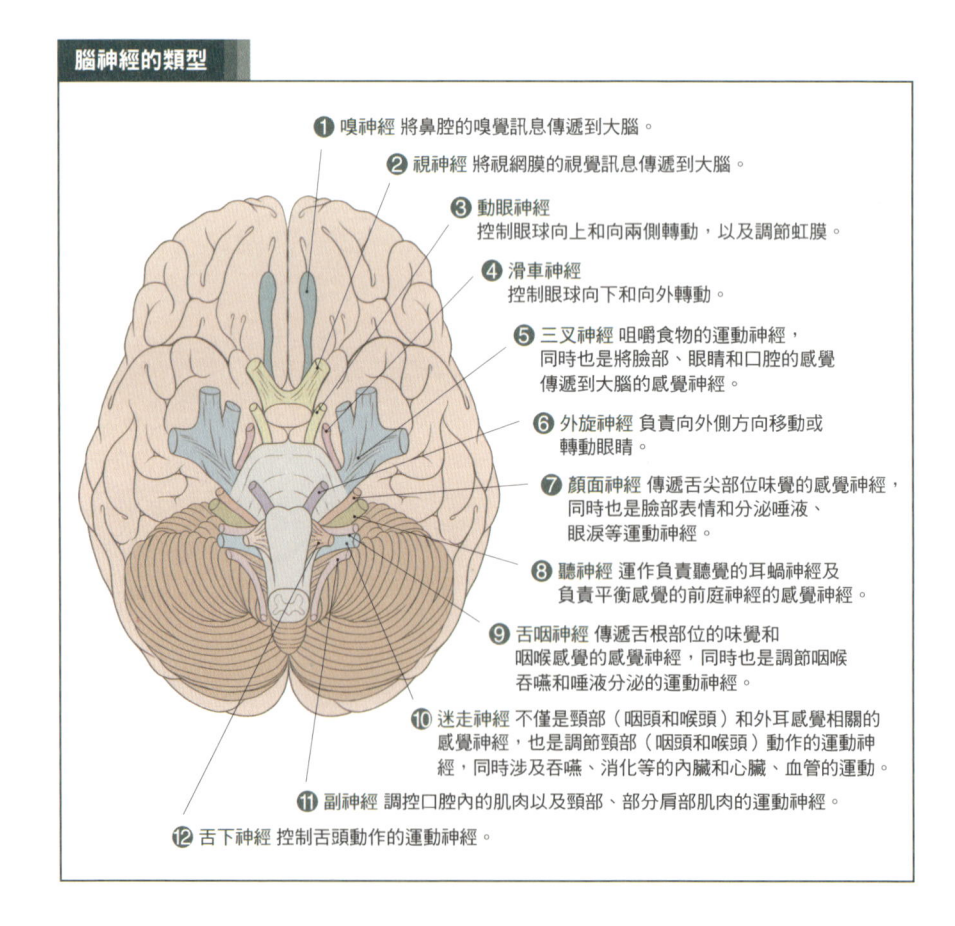

腦神經的類型

❶ 嗅神經 將鼻腔的嗅覺訊息傳遞到大腦。

❷ 視神經 將視網膜的視覺訊息傳遞到大腦。

❸ 動眼神經 控制眼球向上和向兩側轉動，以及調節虹膜。

❹ 滑車神經 控制眼球向下和向外轉動。

❺ 三叉神經 咀嚼食物的運動神經，同時也是將臉部、眼睛和口腔的感覺傳遞到大腦的感覺神經。

❻ 外旋神經 負責向外側方向移動或轉動眼睛。

❼ 顏面神經 傳遞舌尖部位味覺的感覺神經，同時也是臉部表情和分泌唾液、眼淚等運動神經。

❽ 聽神經 運作負責聽覺的耳蝸神經及負責平衡感覺的前庭神經的感覺神經。

❾ 舌咽神經 傳遞舌根部位的味覺和咽喉感覺的感覺神經，同時也是調節咽喉吞嚥和唾液分泌的運動神經。

❿ 迷走神經 不僅是頸部（咽頭和喉頭）和外耳感覺相關的感覺神經，也是調節頸部（咽頭和喉頭）動作的運動神經，同時涉及吞嚥、消化等的內臟和心臟、血管的運動。

⓫ 副神經 調控口腔內的肌肉以及頸部、部分肩部肌肉的運動神經。

⓬ 舌下神經 控制舌頭動作的運動神經。

實在又有趣的科學知識

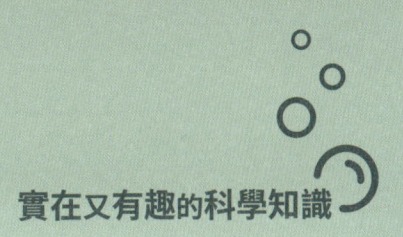

迷走神經與打嗝

迷走神經在腦神經中是非常獨特的，相較於大部分腦神經的牽涉範圍只限於臉部周圍，迷走神經的影響範圍除了頸部或耳朵之外，還包括消化或腸道運動。由於迷走神經是透過橫膈膜神經刺激肺部下方的肌肉，因此被認為與打嗝的發生和停止有關。

要不要試試吃糖？

醫生推薦的止嗝方法是透過各種方式來刺激迷走神經，也就是用新的感覺來刺激迷走神經，並向大腦發送現在有新的事情要做的訊號，來讓打嗝停下來。

將手指塞進兩邊耳朵裡施加壓力是為了刺激觸及耳朵的迷走神經，按摩頸部也是為了刺激穿過頸部的迷走神經，大口吞冷水則是為了刺激食道裡的迷走神經。據說喝溫水無效，而且喝冷水時要彎著腰喝，或許看起來很可笑，但這麼做會提高施加在腹部的壓力，有助於刺激迷走神經。

刺激迷走神經最吸引人的方法就是吃糖。只要把一匙糖放在舌頭上吞下去，舌面上的神經就會馬上被強烈的甜味所充斥，因而刺激了迷走神經，得以有效止嗝。

郊遊的合照中我又閉眼睛了！

我們班也有5個人在合照的時候被拍到閉著眼睛～

有沒有什麼方法可以在所有人都睜著眼的情況下拍照呢？

怎麼會沒有呢！想知道的話就呼叫伊格納貝爾博士吧～

第4章

不管要拍多少次，
　　我一定要拍到
大家都睜著眼睛的照片！

拍照時不要閉眼睛啦～

※開放生態公園

再一次,再一次,再來一次!
我會一直拍到都沒人閉眼為止。
為了要拍下所有人都滿懷笑容的照片,
我嘔心瀝血的努力結果卻是……

來,要拍了喔,一起說起～司!

喀嚓!

哎呀,許實的眼睛閉起來了。這下又得重照。

哎～唷 許實你這個笨蛋～

喀嚓

喀嚓

喀嚓

喀嚓

喀嚓

喀嚓

這次換東洙閉眼了!

58

同學們～!!
拜託你們不要
眨眼睛！
轟隆隆
※怒氣衝天
老師，那是
我的相機！
啊？所以最後大家都這麼拍照嗎？
只為了不眨眼睛？
怎麼這樣，天呀……團體照
拍成這個樣子，太奇怪了吧！
真是的，睜著眼睛
也就幾秒的時間，
有那麼難嗎？一直眨眼
眨個不停～～
喂，都咪蕾，
妳還不是
眨眼睛了！
當然眨了！
但是你看得到我的眼珠子嗎？
我再怎麼眨眼睛
也看不到眼珠～
啊……
也對啦。
眨眼
眨眼
博士，有沒有什麼方法
可以在大家都不眨眼
的瞬間拍下照片？
霸
電

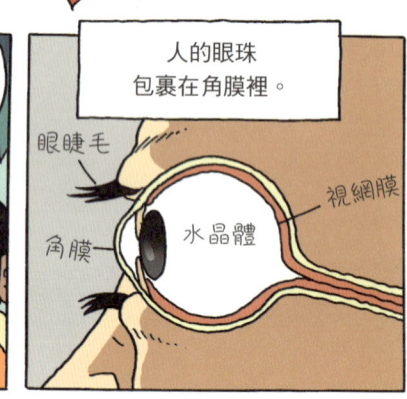

※欣喜若狂

哎呀！你看博士的表情……！我們好像又點燃了博士的熱情了～！

你們又一次給了我科學靈感！孩子，我愛你們！

那就從眨眼的原因開始說起吧？

眨眼的原因！

人的眼珠包裹在角膜裡。

眼睫毛
視網膜
角膜
水晶體

人的眼睛為了保持角膜濕度和氧氣供給，每分鐘眨眼約10～15秒左右。

眨眼
氧氣
啊～好濕潤。

眨眼一次所需要的時間為千分之一秒！

千分之一秒！

60

我看看，拍照的學生人數全部為二十人。
若要避開全部二十個人各自以千分之一秒眨眼的情況，拍下大家都睜開眼睛的狀態，就像……
要避開二十個各自亂動的阻礙物，對準箭靶射箭一樣！
但是，如果一步一步計算的話，一定會有解答的。
全體人數、眨眼次數、快門速度……這個那個……
呃啊啊～～

博士，我們好像該回家了。	所以……如果是這樣，公式就是……。 太投入了沒聽到吧，我們悄悄地出去吧！	一星期後 伊格納貝爾博士，您好嗎～！
歡迎你們！拍照公式……終於得出來了。 哎呀，博士的臉色好恐怖喔！	要拍下沒人眨眼的照片該用的公式，就是這個！ $$\frac{1}{(1-XT)N}$$	
N是拍照人數、X是一人眨眼次數、T是快門速度…… $\frac{1}{(1-XT)N}$	博士，這太難了！ 我要走了，頭好痛！	

孩子們……這個真的是很了不起的發現喔!

$\frac{1}{(1-XT)N}$

博士,這雖然是了不起的發現,但如果每次拍照都要先經過複雜計算的話,那誰還要拍照呀～

呃啊啊!說的也是!誰會一邊計算一邊拍照……太可笑了!

我辛苦了一個禮拜,怎麼就沒想到這一點。

啊,我不是故意要潑冷水的!

冷風颼颼

如果要縮減成簡單公式……

呃!又開始計算了!

從那之後又過了一個月

嘎

博士～!我們又來了!

歡迎你們～

呃啊啊～!!有鬼呀!!

※呃呃呃呃

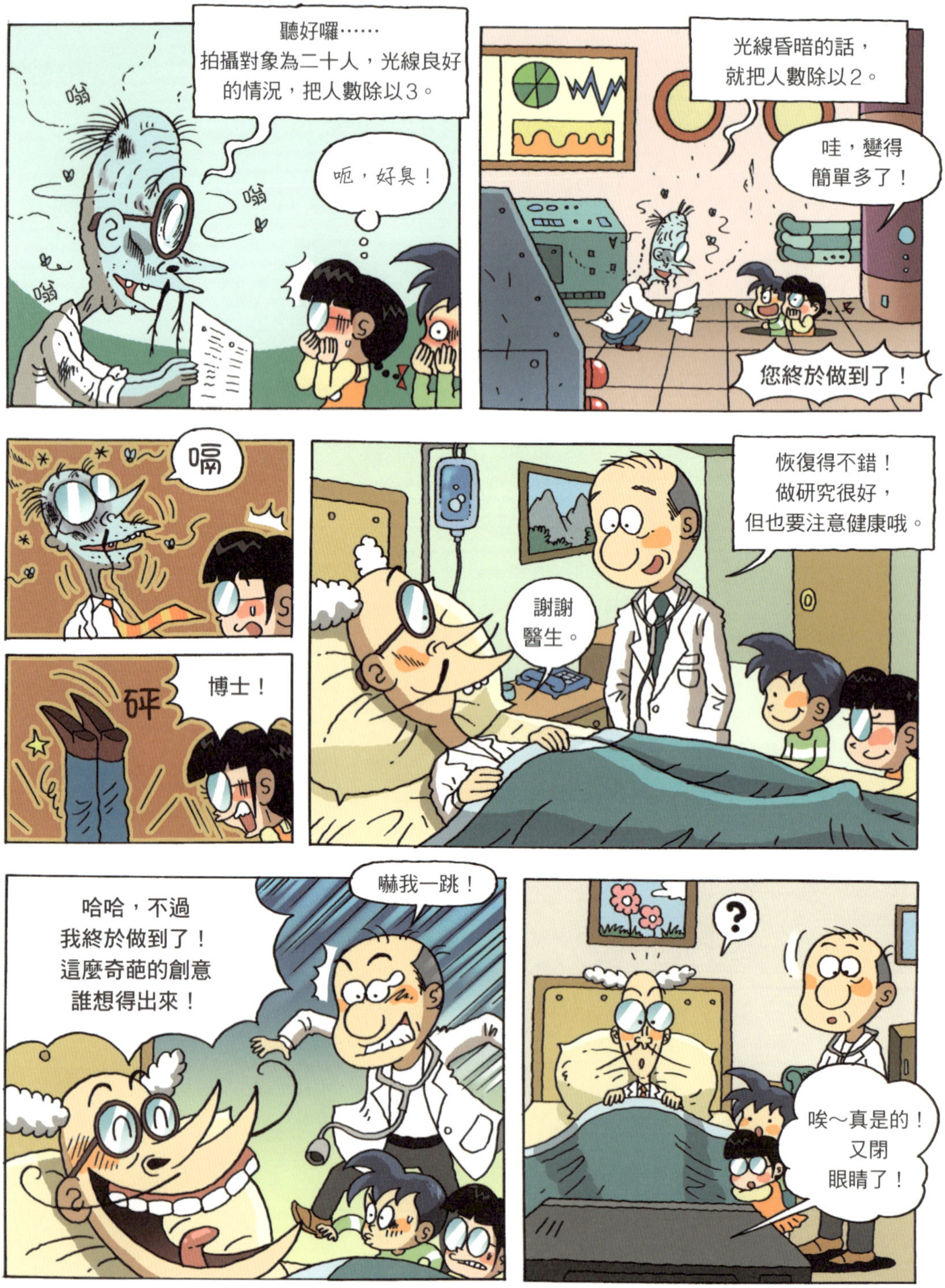
聽好囉……
拍攝對象為二十人，光線良好的情況，把人數除以3。
嗡
嗡
嗡
呃，好臭！
光線昏暗的話，就把人數除以2。
哇，變得簡單多了！
您終於做到了！
嗝
砰
博士！
恢復得不錯！做研究很好，但也要注意健康哦。
謝謝醫生。
嚇我一跳！
哈哈，不過我終於做到了！這麼奇葩的創意誰想得出來！
?
唉～真是的！又閉眼睛了！

您有沒有在拍照時眼睛閉起來被嘲笑過呢？
能辨識人眨眼的數位相機「High Check」誕生！
EC
什麼！
當拍攝對象閉眼時，快門就按不下去！
按按按
現在終於可以擺脫「我獨睡」的窘境了！你的照片以後絕對不會再有閉眼的情況了！
還有一項新產品！
……
未來即將上市的數位相機，具有不微笑快門就按不下去的「Smile Shot」功能，敬請期待！
來，笑一個！
EC2
…
快關掉！博士會受不了的！
喔！

※嗚哇～

我研究了那麼久！那麼地辛苦！結果數位相機上市！嗚嗚～～!!

樂天彼某個結婚典禮

要拍親友合照囉！

咦，快門怎麼按不下去，有人閉眼喔！

按按按

再來一次……奇怪，怎麼又按不下去。又有人閉眼了喔！

怎麼這樣，一直按不下去～

啊～，取消眨眼辨識功能，直接拍啦！
是不是我們拍個照還得相機允許才行！
啊，是！
哎呀！
博士～您今天心情如何？
哈～好極了！暢快指數100%
因為數位相機上市出現的憂鬱症好像消失了！
您現在在研究什麼？
我有了非常重要的領悟，所以開始了新研究。
我在研究一個拍照公式，可以隨時隨地拍下完全不會眨眼的照片！
嘎
喀嚓
啊，我眨眼了！

人為什麼會眨眼睛？

每3秒眨一次眼睛

我們一天有多麼頻繁眨眼睛呢？據說兒童每分鐘眨眼約5～18次，成人每分鐘眨眼約15～20次。不會吧，有那麼頻繁地眨眼睛嗎？平時根本感覺不到呀？根據研究，每次眨眼的時候，負責視覺識別的功能會暫時停止，來幫助視野維持正常不至於感到難受。眨眼時眼瞼滑動的時間不到0.1秒，所以也就有「眨眼之間」這樣的說法出現。

眼瞼滑動是為了塗抹淚液

眨眼是為了保護眼睛，每次眨眼就會分泌淚液，這時眼瞼（俗稱眼皮）就會將淚液均衡地塗抹在眼珠上，讓眼睛保持濕潤。眼瞼滑動時也會順便清除掉進眼裡的灰塵或粉塵，具有保護眼球最外側角膜的作用。原本角膜的作用就是保護眼球中最重要的虹膜、水晶體和聚光，而眨眼就是一種保護

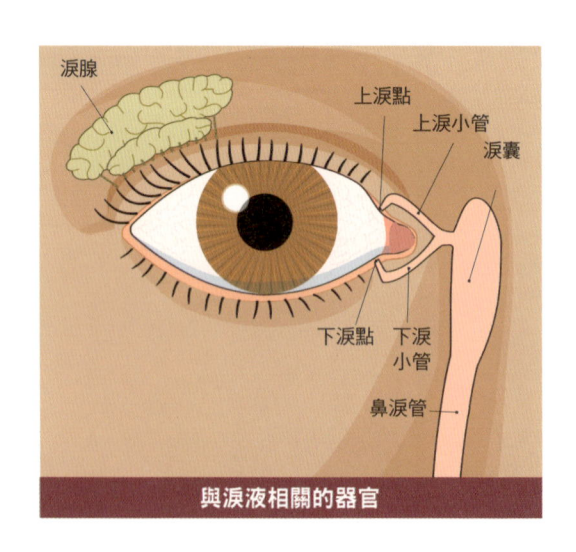

與淚液相關的器官

實在又有趣的科學知識

角膜的下意識行為。當我們的眼睛突然被強光照到或有異物飛入眼睛的時候，就會反射性地閉上眼瞼來保護眼睛。

那麼，動物也會眨眼嗎？眼球構造與人類相似的動物也和人類一樣會眨眼睛，動物的眨眼次數差別很大，貓、狗每分鐘約眨眼3次，牛、馬每分鐘約眨眼20次。爬蟲類、鳥類當中有些動物會用像眼瞼一樣滑動的半透明「瞬膜」覆蓋眼睛來保護眼球。就像相機的鏡頭前面會裝上保護濾鏡一樣，即使是在覆上眼瞼的狀態下，還是會讓光線透進來，以保持視野正常。

提醒大腦和表達情緒

也有研究結果表示，眨眼不僅可以保護眼睛，還會直接影響大腦的活動。如果在眨眼時使用功能性磁振造影（fMRI）拍攝的話，會發現大腦裡集中注意力時被活化的部位瞬間穩定下來。因此，研究人員認為，眨眼是為了讓大腦預先做好接收新資訊的準備而有的行為。

研究結果也發現，人們在交談時會無意識地互相配合調整眨眼的間隔，而且經常眨眼的人會被認為是一個焦慮且神經質的人。就像眼淚的作用是保護眼睛和表達情緒一樣，眨眼也不自覺地扮演著傳達情緒的角色。因此也出現了，為了減少人們對機器人的抗拒心理，而利用這項原理製造出來的會眨眼的機器人。不需要用眼淚來保護眼睛的機器人，卻為了親近人類而努力地眨眼睛呢。

眨眼機器人——「李奧納多」

69

我被拍成紅眼睛了！

為什麼會出現紅眼現象？

有時看到照片裡自己的眼睛是紅的，會讓人嚇一跳。只不過笑著拍了一張照片而已，怎麼會成了惡魔的微笑呢？這種現象主要出現在夜裡使用閃光燈拍照的時候，因為眼睛會變紅，所以被稱為「紅眼現象」（Red eye effect）。因為紅眼現象而呈現紅色的部分，是從外往我們眼睛裡看的時候，位於正中央的瞳孔。平時看起來是黑色的瞳孔，在照片上被拍成紅色的，而照片上的紅色其實是我們眼睛裡面的血管。

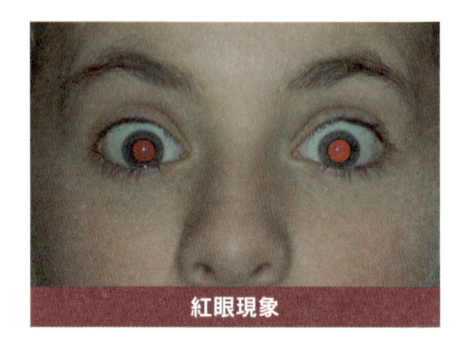

紅眼現象

我們用眼睛看到的物體是以光的型態進入我們的眼睛，直達視網膜。視網膜中的神經會將感應到的光線轉換成大腦可以理解的訊號，當這些訊號送達大腦時，我們才能知道現在看到的物體是什麼。瞳孔是眼睛裡唯一可以讓光線通過的部位，平常為了保護視神經，眼睛內部會保持著黑暗狀態，所以透過瞳孔窺探到的部位看起來也是黑色的。但當夜晚閃光燈突然亮起時，在眼睛適應之前就已經有大量的光線進入眼中，清晰地映照出眼睛內部的血管，於是就形成了紅眼現象。

當我們的眼睛看到強光時，會反射性地縮小瞳孔來調節進光量。但因為相機的閃光燈會在瞬間爆發出比周圍更強烈的光線，使眼睛無法即時縮小瞳孔來對應。尤其在拍攝孩童的照片時，紅眼現象最為明顯，這是因為在黑暗的地方孩童的瞳孔會擴張得比成人更快，所以當閃光燈亮起時，就會有更多的光線進入眼睛裡。

實在又有趣的科學知識

消除紅眼現象

近來，許多相機都預先設置了消除紅眼的功能。其原理非常簡單，只要讓閃光燈閃兩次，讓眼睛有足夠的時間適應就可以。閃光燈先閃一次，讓眼睛有時間縮小瞳孔來適應強光，然後正式拍照時閃光燈再閃一次。另外，關掉閃光燈，利用周圍的照明拍照；或者稍微斜斜地，而不是正面看著相機鏡頭等方式，都有助於防止紅眼現象。

消除紅眼現象的另一種方法，就是使用修圖軟體來修正。因為只需要修改瞳孔部分，不需要進行複雜的操作，所以許多修圖軟體都提供了簡單的一鍵消除紅眼現象的功能。有時也會利用紅眼現象來檢測隱藏的疾病。譬如只有一隻眼睛出現紅眼現象的情況，就有可能是因為斜視導致瞳孔的角度不一樣，或者因為有白內障或腫瘤，使得眼睛無法反射光線。

眼球構造

視網膜　脈絡膜　鞏膜
黃斑
視神經
瞳孔
角膜
虹膜
水晶體
睫狀體

聽說糞金龜只吃無農藥的乾淨牛糞！
但你不是說糞金龜不只吃牛糞嗎？
聽說只挑營養豐富的糞便吃，我也不確定啦～

第5章

我喜歡美味乾淨的便便！
糞金龜鑿鑿有據的吶喊

糞金龜喜歡乾淨的糞便～

呦囉雷伊里歐～*

哞哞～

哇～是牛！

不是所有的糞便都是一樣的！
牛糞清理專家糞金龜
所選擇的最佳糞便是什麼呢？

沒有比這裡更棒的郊遊好去處了～
有藍天、有綠地，
還有清新的空氣……

還有牛糞！

噁！髒死了！

啪嘰

*約德爾唱法「Yodel-Ay-Hee-Hoo」是歐洲牧民用來呼喚牛、羊群的傳統音樂。

仔細一看，到處都是牛糞，
這裡好像不適合鋪野餐墊耶？
噗嚕
我擦
嗯……原來如此。
如果糞金龜夠多的話，
也不至於變得
這麼骯髒……
博士，您在做什麼…？
翻找
翻找
哇
這身
衣服是!?
因為環境變遷，
糞金龜消失了，
那就由我來扮演
糞金龜的角色吧！
博士，
太髒了啦！
?
滾啊滾

是糞金龜！
華麗登場
還有母的！
老公～我們一起滾～
這怎麼可能……我還以為已經絕種了，竟然還能看到公母一對！
糞金龜是牧場裡不可或缺的牛糞清道夫！
鐵耙狀前肢
哎唷，好刺！
哇，就像推土機一樣！
糞金龜奔向牛糞去囉！這是觀察牠們滾糞球的絕佳機會！
第一步，把牛糞切割成圓球狀！
好香呀！

第二步，糞便切割出來之後，用後肢滾動！

公金龜推
母金龜拉

糞金龜可以拉動超過自己體重800倍的重量前進，換作是人的話，就相當於空手拉動5～6噸重的汽車。

哈！

有的小傢伙一分鐘可以滾動超過14公尺之遠，這是為了不被周圍的糞金龜搶走自己的糞球。

看我的！

轉

現在因為面臨絕種危機，沒有了競爭者……

歲月不饒人～

悠悠哉哉

母金龜挖地，公金龜就把挖出來的土清運到遠處去。

牠們應該很累了吧……現在在挖地呢！

好好善後喔！

77

布穀

孩子們，該起來了！糞金龜挖好地洞了！

什麼～
現在才挖好？

啊，這是什麼？

我想調查糞金龜在地底下的生活，就趁你們睡覺的時候裝設了一條內視鏡鏡頭。

你是誰？

不知不覺間地底下已經有三個糞球了?!

竟然在糞球裡
產卵！
順產！
我老婆
最棒！
卵
幼蟲
蛹
哈囉～
糞球中的卵孵化成幼蟲後，
會以牛糞為食，
慢慢地長大為成蟲！
含有飼料或農藥成分的牛糞
他們看都不看一眼……
這裡的牛在大自然中
放牧吃草，想必牠們的
糞便一定也很乾淨。
我的心
也很乾淨～

把散落的便便打掃乾淨。
糞金龜會挖地洞、將泥土混入糞球，
扮演著自然犁耙的角色，是最好的益蟲。
環境
發展
BOOM！
煥然一新
雖然糞金龜又叫牛屎龜，
但其實牠不只喜歡牛糞，
每個地區的糞金龜
喜歡的糞便種類
都不一樣！
舔
明明就在講便便，
幹嘛舔嘴唇呀……
他大概是
把自己
當成
糞金龜了！
牠們在
幹嘛……
啊～好爽快！
哈哈！
啪嗒
啪嗒
非洲的糞金龜
喜歡大象、
斑馬、
羚羊、
犀牛
的糞便。
澳洲的
糞金龜
喜歡無尾熊
或袋鼠的糞便。
牠們是
誰呀？
噗嚇
我的！
我的！

但是，糞便中
首屈一指的便便……
是羊大便！
咩咩
哈雷路亞
羊大便比其他糞便
更有營養，也更黏著！
奇臭
無比
噁……
太噁心了……
嘔！
但這對糞金龜來說
是非常珍貴的
食物吧？
然而，近來因人工飼料
和農藥的大量使用，
家畜的糞便都跟以前
不一樣了，糞金龜也
幾乎全都消失不見。
你已經不是
以前的你了
蕭
蕭
風
別走，
糞金龜！

所・以・說！

我伊格納貝爾博士研究再研究之後，最終製造出延續自然清道夫使命的發明物。

就以此命名！

看我的

哇！是糞金龜機器人！

一隻、兩隻、三隻……到底做了多少隻？

83

滾過恐龍便便的糞金龜

來澳洲工作的非洲糞金龜

澳洲現在雖然以酪農業聞名於世，但在歐洲移民到來之前，整個澳洲連一頭牛都沒有。澳洲遼闊的草原正適合養殖牛羊放牧，但問題就在於突然暴增的牛糞堆積如山。澳洲人冥思苦想之後，決定從非洲引進糞金龜。非洲的糞金龜連大象的糞便都能輕鬆分解，澳洲人相信的就是那股力量。澳洲自1965年至1985年從非洲進口糞金龜在當地繁殖，據說此舉大大改善了澳洲的環境。

糞金龜分布在除了南極以外的大多數地區，不只在草原或山林地帶，還有棲息在沙漠的糞金龜。聽說糞金龜從恐龍生存的白堊紀前期就已經出現在地球上了，說不定白堊紀的糞金龜還滾過和分解過那些巨型恐龍排泄的大量糞便。雖然恐龍因為滅絕而從地球上消失，但糞金龜活了下來，並且一直在分解繼恐龍之後出現又消失的無數動物的糞便，以此守護地球。

法布爾喜愛的糞金龜

糞金龜滾糞又吃糞，人們應該會很討厭牠，但其實糞金龜長久以來就一直深受人們的關注。糞金龜滾著滾著，就將糞便滾成了一個球形。自然界的昆蟲竟然創造出人類難以做到的漂亮立體圖形來，雖然那東西是臭氣沖天的糞便，但依然吸引了人們的目光。看到糞金龜滾動著比自己身體還大的糞球，那彷彿在賣力辛勤工作的模樣，讓人忍不住想為牠們加油打氣。

法布爾《昆蟲記》書中的糞金龜插圖（1921年）

實在又有趣的科學知識

據說,以《昆蟲記》一書聞名於世的尚—亨利・法布爾,也迷上了糞金龜,非常喜歡觀察牠們。《昆蟲記》共有十冊,其中第六冊的大部分內容都是對糞金龜的研究。法布爾去世後,各國出版的《昆蟲記》裡都有許多糞金龜滾糞球的插圖,由此來展現法布爾對糞金龜的喜愛。

被當作神來崇拜的糞金龜

古埃及人甚至將糞金龜視為神聖的昆蟲來崇拜。古埃及人崇拜太陽神,他們發現糞金龜滾出來的糞球正是象徵太陽的球體。在古埃及人的壁畫中出現了,被稱為「聖甲蟲」的糞金龜滾著一顆火紅太陽的圖案,或是被做成裝飾品或護身符戴在身上,象徵多子多孫和豐收。在古埃及神話中,象徵日出和重生的神祇「凱布利」的臉孔,就是一隻糞金龜。

描繪一隻糞金龜在滾太陽的紙莎草畫

埃及神話中的日出之神——有著糞金龜臉孔的凱布利

製造模仿昆蟲構造的機器人！

模仿昆蟲的關節

「仿生科技」是一種研究自然界生物的結構或原理，並用以製造機器或設備的方式。機器人工程師在研究了昆蟲之後，將之應用在機器人的製造上，其原因就在於昆蟲可以動用許多關節來移動。機器人的每個關節都有一個單獨的馬達，同時運用這些馬達就能做出各式各樣的動作。代表機器人可以移動到哪種程度的「自由度」，就是由關節數字和移動範圍來決定的。而模仿昆蟲使用關節的方法，就是為了讓機器人的關節動作更加靈活。

昆蟲可以拖動比自己身體大得多的獵物。比起其他動物，昆蟲能更有效地使用能量。如果機器人能夠學習到這個原理，就能夠在充滿同樣電量的情況下，運作更長的時間。昆蟲的外殼輕巧結實，具有保護內部和防水的功能，這也有助於製造機器人的軀體。有些昆蟲具有隨著周圍環境而改變的保護色，目前也在進行將此應用在機器人身上的研究。

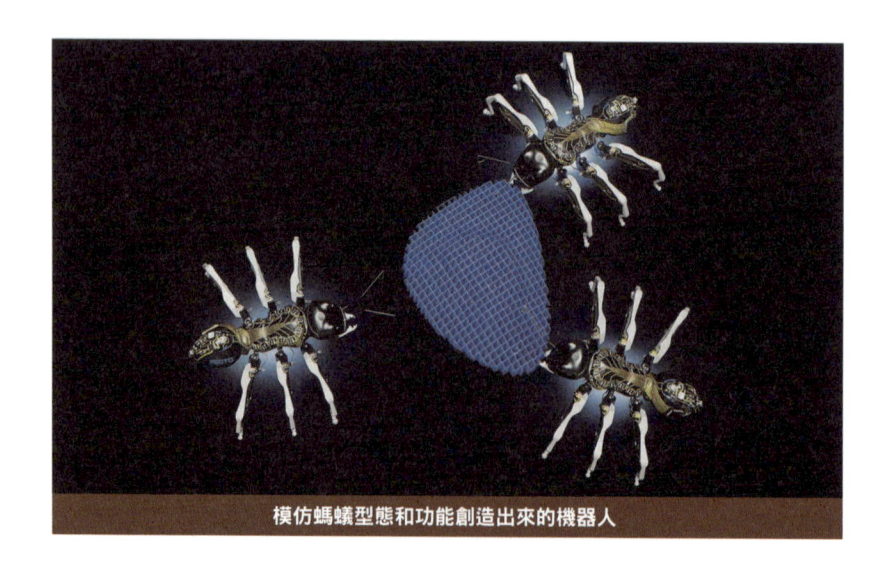

模仿螞蟻型態和功能創造出來的機器人

實在又有趣的科學知識

像昆蟲一樣成群結隊地活動

雖然單獨一隻昆蟲的智能不如動物，但一群昆蟲就像彼此可以交流思想一樣，透過分工合作便可以輕鬆地完成複雜的工作。譬如螞蟻懂得把大型食物分解後帶回蟻窩，蜜蜂懂得製造形狀複雜的蜂巢。「集群機器人」就是模仿昆蟲成群活動的這種特性所製造出來的機器人。研究人員創造出來的不是單一一個又大又聰明的機器人，而是由許多小機器人成群結隊，透過彼此間的通訊掌握情況，隨時進行相應的工作。

能不能做得像昆蟲一樣小？

有些人正在研究如何將機器人製造得像昆蟲一樣小。蝴蝶模樣的機器人飛翔在森林或都市裡監測環境；螞蟻模樣的機器人穿梭在狹窄的縫隙裡，找出問題所在並加以修復。為了讓小如昆蟲的機器人便於活動，就需要更輕盈的素材和更持久的能源，於是就有人研究可以直接從大自然獲取能源的機器人。另外，也有科學家研究將活的昆蟲與機械裝置結合，製造出可以如機器人一樣操縱的生化機器人。

由1,024個機器人組成的集群機器人

不用電池就能接收雷射光訊號飛行的機器人

我只要一看恐怖片，雞皮疙瘩就唰～地立起來！
我聽到刮黑板的聲音才會這樣，嘎啊～～～～！
可是很奇怪耶，起了雞皮疙瘩以後不會覺得有點冷嗎？

第 **6** 章

為什麼聽到恐怖故事就會起雞皮疙瘩？

起雞皮疙瘩的故事

嘿嘿嘿，一粒粒冒出來的雞皮疙瘩～
找找看是什麼
讓人寒毛直豎
不寒而慄！

呼呼，好熱好熱喔！熱呀熱呀熱……！

不要一直喊熱啦，你一直喊才更熱的！

啊！賣冰棒的冰箱！

哎唷喂呀！

這心情就好像在沙漠中發現綠洲！

熱就在家裡沖涼呀！

去博士的研究室
會不會涼快一點？
去……
看看吧。
博士，我們來了～
呼嚕呼嚕～
啊?!
嗡嗡～
不是吧，這裡比
外面還熱！
哎唷，嚇我一跳！
啊，是子水和咪蕾呀～
歡迎歡迎。
天才博士竟然連
一台冷氣機都沒有！
怎麼不乾脆
自己造一台呢～

上次為了造
糞金龜機器人
把錢都花光了。
足足造了
50隻嘛……
對了，就是那個！
就算沒有電風扇
和冷氣機，也能讓人
不寒而慄的方法！
是什麼方法？
來講講
恐怖到
暑氣全消的
鬼故事！
嗚
嗚
嗚
什麼嘛～
就這樣？
有一位在國中
教美術的老師。
什麼？不要啦，老師！
聽說美術教室過了晚上12點
就有鬼跑出來！
過兩天就是校園畫展了，
今天就提前通宵作業，
把畫展的準備工作做完吧。

我說，你們這幾個……別不想通宵畫畫就亂講一通！ 真的啦！	那好，我今天就在美術室待到超過12點，如果沒看到鬼，明天你們就得通宵畫完！ 真的沒問題嗎？
當天晚上雖然掛鐘敲響12點，但美術教室裡什麼事情都沒有發生。 噴，我就知道！	好無聊，聽個歌吧。 按下
老師打開了收音機。現在正好在播放舞曲，老師就看著鏡子跳起舞來，還跳了好一陣子。	跳著跳著跳累了，就躺在美術教室裡的簡易床上睡著了。 哎唷，好睏～

第二天
哪裡有鬼呀……
是誰說有鬼的？
怎麼可能……
那您一整晚
都做了什麼？
聽著收音機裡的歌曲
在鏡子前面跳舞！
我跳得還真不錯～
呵呵！
然後，
你們知道
學生們說了
什麼嗎……？
什麼……
老師，我們美術教室裡
從來都沒有鏡子……
啊啊！
呃呃呃呃呃
那一瞬間，
從黑板傳來這樣的聲音。
嗄啊～

*掠食者：捕食其他動物為生的動物。

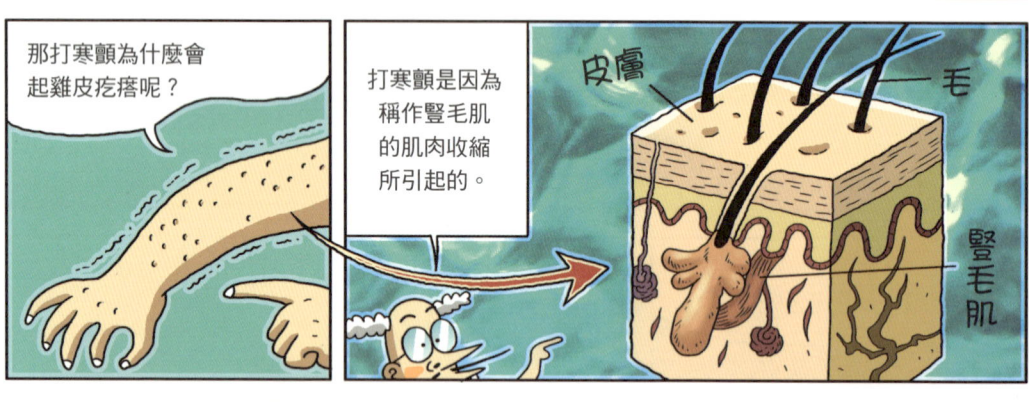

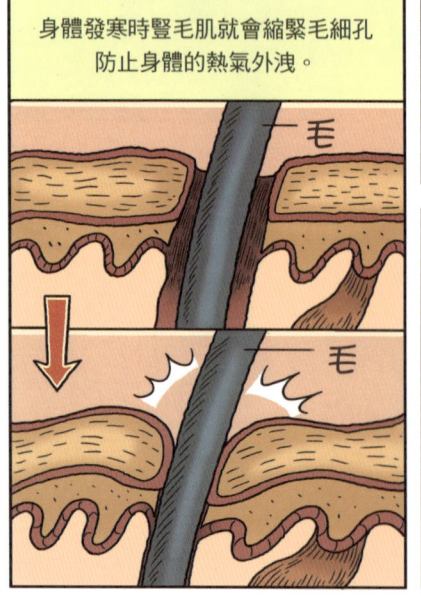

※嘎啊啊

據說那聲音近似原始時代威脅人類的聲音，人類為了從掠食者口中生存下來，就必須有所行動，這種人類早期的經驗便一直留存到現在。

那打寒顫為什麼會起雞皮疙瘩呢？

打寒顫是因為稱作豎毛肌的肌肉收縮所引起的。

皮膚
毛
豎毛肌

身體發寒時豎毛肌就會縮緊毛細孔防止身體的熱氣外洩。

毛

起了雞皮疙瘩後身體不是會發抖嗎？

抖抖抖

身體一面發抖一面收縮肌肉是為了在體內製造熱氣。

97

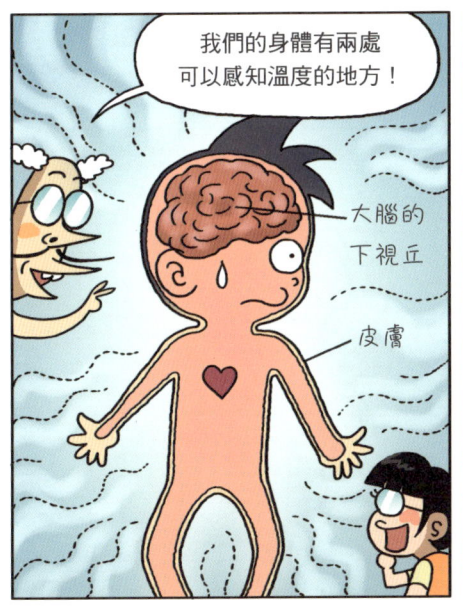

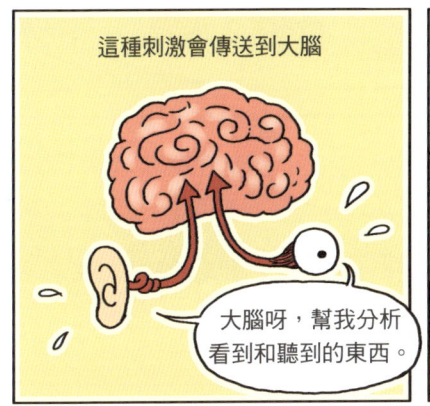

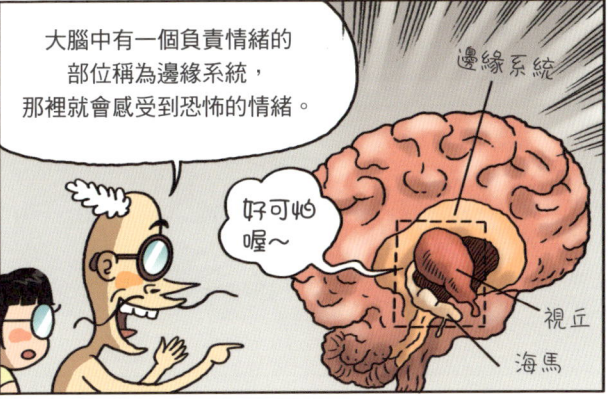

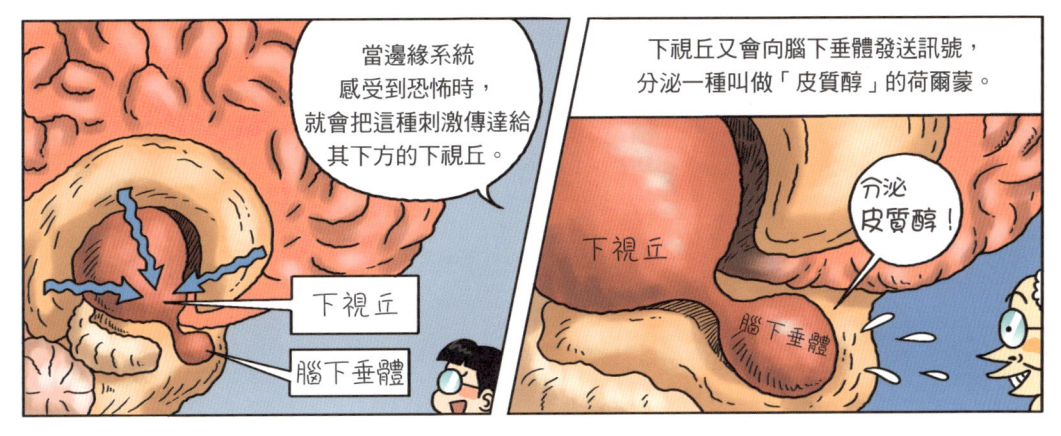

另一方面，它也會刺激自主神經系統，
最後全身就會因為恐怖感而產生反應。
冒冷汗
皮膚血管收縮
心跳加速
尿急
全身顫抖
全身寒毛聳立
這個過程和真正感到寒冷時所產生的
生理現象可說完全相同。
感覺如何？聽完這個故事以後，即使沒有電風扇或冷氣機，暑氣也全消了吧？
嘻嘻嘻
博士！不要擺出那種表情，好可怕喔！
我們該回家了！
撲通
砰
…
轉頭

大拖把?!
噗
那……那我們一直在和……大拖把……交談嗎……？
毛骨悚然
呃啊啊啊！
咦，孩子們！我上網看到說有大拖把鬼在四處亂晃，你們有聽到那個消息嗎？……
我知道你們會來，還買了冰棒回來。
不要進研究室！

為什麼鬼總是在夜裡出現？

鬼不是眼睛看到，而是用大腦看到的？

　　人不是只用眼睛看，而是用眼睛和大腦一起看。有時，如果視覺資訊不足，大腦便會自行填補上缺少的部分。但當大腦看到不明物體而必須加以判斷時，通常會推測成自己熟悉的東西。我們在大自然的風景中常會看到人、物體或文字、數字，這也是因為大腦會從熟悉的東西開始找起的緣故。這就像去知名景點時，經常可以看到形似燭台的山峰，或狀似人臉的岩石一樣。

　　相較於白天，人們很難在黑暗的夜晚區分遠近物體，只能看到光線映照出來的陰影或輪廓，而不是具體的模樣。由於受到視覺的限制，人們本能上會更集中注意力，仔細觀察周圍環境。如此一來，便會發揮最大的想像力來補充看不清楚的部分。假設在夜晚的森林裡，冷風呼呼地吹，當我們看到樹木隨著颼颼風聲搖晃的輪廓線時，大腦出於本能便會想像眼前看到的物體，加上心情緊張的影響，就會覺得自己看到鬼。

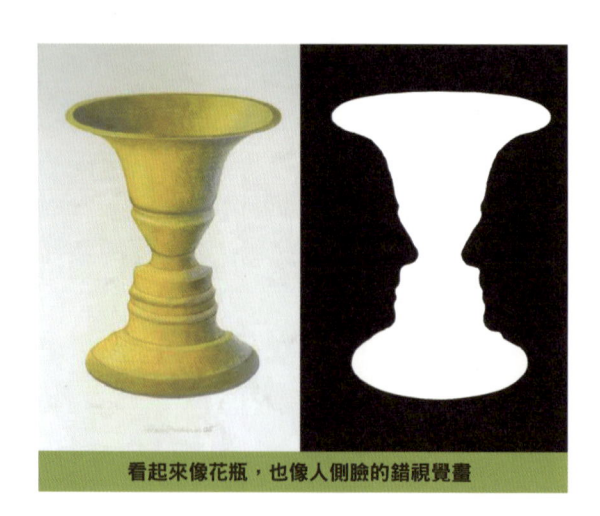

看起來像花瓶，也像人側臉的錯視覺畫

實在又有趣的科學知識

尋找鬼火的科學家

鬼火是夜裡才看得到的藍色光芒，一度被人們認為那是一種類似靈魂的東西。大自然發出的光線是黃色或紅色的，而藍光必須透過用半導體製成的LED燈泡才看得到，因此過去的人看到在森林或墓地出現的藍光，一定會受到驚嚇。許多科學家為了解開鬼火的祕密，試圖將鬼火解釋為一種主要發生在自然界的化學現象。現代科學通常將鬼火解釋成是一種與磷（P）或甲烷（CH_4）相關的氧化作用。也有人認為，鬼火其實是螢火蟲等會發光的昆蟲或動物。

為什麼開車上路會看到鬼？

有人說他晚上開車，開著開著就在路上看到鬼。而比起市區裡的道路，在像自由路*這種人跡罕見，可以一路通暢無阻開下去的地方看到鬼的人更多。科學家認為這是一種催眠效應。通常催眠師為了誘導人們進入催眠狀態，會讓對方看著鐘擺之類來回晃動的東西。而在黑暗冷僻的道路上持續奔馳的話，隨著引擎的振動，路面標線反覆掠過，這就形成了一種催眠狀態，很容易接受暗示，這時就會把黑暗中快速掠過的物體誤以為是人或鬼。並且，一旦有鬼的傳聞傳播開來，其他人看到同樣的東西，就更可能認為這是鬼，而不是人。於是，就會有愈來愈多的人聲稱看到鬼。

*譯註：自由路是連接首爾加陽大橋北端到京畿道坡州自由交流道的高速公路。

約會時該看恐怖電影嗎？

恐懼是一種自我防禦裝置

　　有些人感覺不到恐懼，因為他們的大腦中感覺恐懼的部位沒有被啟動，所以在其他人深感恐懼的情況下，他們卻根本感受不到這種情緒。不會害怕不好嗎？一點也不好，反而有可能危及性命。當一個人站在高處，帽子卻突然被風吹走的情況下，一般人會因為害怕掉下去而放棄帽子。但如果是因為大腦異常而不懂得害怕的人，就可能為了要撈回帽子而面臨墜落身亡的危險。

　　恐懼是一種安全裝置，因為有了恐懼感，才不會在人行道上走著走著，就不經意地走下車道去。人們因為感到恐懼，才會事先小心以避免發生事故。動物也有驚嚇恐懼的情緒，但人類的恐懼則更為複雜一些。人類會在眼前事件上加入過去的記憶和對未來的想像而感到恐懼。恐懼加上想像力，固然具有可以讓人事先防範的優點，但隨之而來的缺點則是對尚未發生的事情也感到害怕。

高空彈跳是一種享受恐懼的娛樂

利用虛擬實境治療懼高症

實在又有趣的科學知識

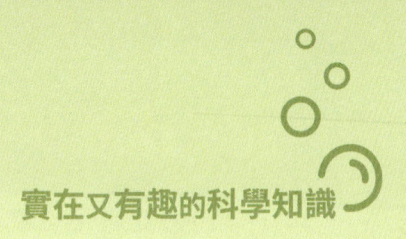

刻意尋求恐懼的人

高空彈跳、雲霄飛車和鬼屋有什麼共同點？那就是人們願意花費金錢和時間來刻意感受恐懼。有些人會在突然的驚嚇或頭皮發麻的恐怖感中尋找樂趣。這些人認為，驚嚇愈大，隨之而來的喜悅就愈大。根據製作恐怖片的人說，想要嚇到人，打破預期很重要。當人們預期這裡應該有驚嚇卻什麼事情也沒發生，然後再突然冒出來的時候，就會真的被嚇到。另外，因為比起具體看得到的視覺，讓人自行想像的聽覺刺激會引發更大的恐懼，因此他們更傾向致力於製造令人毛骨悚然的音效。

愛在吊橋上？

「吊橋效應」是一種主張人們會對緊張情況下遇到的異性產生好感的理論。在被試者分別走過穩定的橋樑和搖晃的吊橋之後進行問卷調查，結果發現人們會對在搖晃的吊橋上遇見的異性產生好感。心理學家分析，這是因為人們把在吊橋上因緊張而產生的心跳加速，誤以為是對異性產生好感時的悸動的緣故。人類的情感是無法像汽車時速表一樣用數字來判斷的，所以當人們根據心跳加速、呼吸急迫、手心冒汗等身體變化來推測情緒時，明明心臟是因為害怕才撲通撲通地跳，大腦卻錯誤地判斷成是對異性的好感造成的心跳加速。

我一直很好奇，我家狗狗都在想些什麼⋯⋯

你知道嗎？聽說有機器可以將動物的想法轉換成語言。

哇，那不就可以跟動物對話了嗎？

第7章

天啊～
動物竟然開口說話了！

汪汪～現在動物也可以說話了

別再只用眼神和動物對話！現在有一種方法可以清楚地知道我喜歡的小狗或小貓在想什麼……

很好，這項發明完成了，現在該實驗看看囉？

抖抖 撒撒

冒出

啊嗚～汪汪！

那什麼呀！防空演習嗎？

那不是狗叫聲嗎？

汪汪
啊嗚～汪汪！
汪汪汪
暑假放完了……現在還有什麼好玩的？啊～好無聊！
無聊就是我們小學生的天敵。
震
震晃晃
哎唷喂！
嗷嗷
汪汪！

我的天！
剛剛是
一群狗狗嗎？
牠們要去哪裡？
快跟過去看看！
這怎麼可能！
那些狗都聚集在博士
的大樹研究室前面！
發生什麼事了？
汪汪
起立
嘿
嘿
嘿
嘿
汪！嗚嚕嚕
汪汪汪～
啊嗚嗚～

哇哈哈！實驗成功了！

打開

博士！

喔！都咪蕾和黎子水，來得正好！

今天您又發明了什麼厲害的東西？

妳觀察得很仔細喔！沒錯，我又完成了一件偉大的發明！

那就是可以和動物對話的翻譯機！

動物翻譯機?!

博士我從小就夢想著可以和動物自由地對話呢。

想像一下，那些和螞蟻對話、和海星聊天的場景！

109

我發明的翻譯機有兩種……我找一下。

翻來翻去

竟然還有兩種？

其中之一就是這個！

鏘

這個動物翻譯機具有將動物的心意傳達給人類的功能，所以需要兩個機械裝置。

主機

發送器

正好這附近有狗，我就直接測試了一下。

將發送器掛在脖子上

狗叫聲會透過掛在狗脖子上的發送裝置

汪！

以無線電波方式發送至主機

主機就會即時分析聲音，然後顯示成人類的語言！

哇！

這是送我的禮物吧？謝謝！

110

透過主機可表達的情緒有6種
悲傷
不滿
害怕
期待
快樂
誇耀
汪！
汪！
我發現狗叫聲會隨著情緒發出不同的聲波。
然後，我就蒐集了50多種犬類和3000種狗語……喔我是說，狗叫聲！
汪
嘷
哼
嗷
咿
汪
噢
吼！
3000種!?
黃金獵犬也是其中之一吧！我最喜歡的犬種！
哇！主機顯示LOVE的字樣！
LOVE
等等，牠叫都沒叫一聲，怎麼會有？
因為這裝置能分析的不只是狗叫聲，還有狗的表情、姿勢，甚至是行為。
太厲害了！

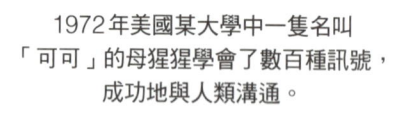

不可以因為動物不會說話就輕視牠們喔！

魚類有 10～15 種訊號

鳥類有 15～25 種訊號

而哺乳類動物有 20～40 種訊號可以跟彼此溝通。

難以置信嗎？

1972年美國某大學中一隻名叫「可可」的母猩猩學會了數百種訊號，成功地與人類溝通。

教授，有關大猩猩社會對人類世界股價的影響，您進行了什麼樣的社會考察？

可可，妳的提問水準愈來愈高了喔！

公雷鳥透過敲擊空心樹幹發出鼓點聲來求偶。

寂寞呀～寂寞呀～

尋找花蜜的偵查蜂會以舞蹈告知同伴花蜜的所在方向和距離。

首爾、大邱、大田、釜山～

112

有些猴子會用尾巴
摩擦手臂上的特殊腺體
摩擦
…
再對著入侵者
發出臭味攻擊！
滾出
我們的
領地
我滾，
我滾！
那另一種翻譯機
是什麼呢？
因為我已經嘗試把動物語言
翻譯成人類語言……
那這個～
找來
找去
就是可以把
人類語言用
動物語言說出來
的翻譯機！

啊！那剛才這些狗集體聚到研究室前面來，也是因為您使用了這個機器……？

我只是叫現在閒著沒事的狗友們全都聚到這裡來，沒想到來了這麼多……

這玩意兒……要怎麼用呀？

汪汪

首先把它繫在脖子上……

然後對著動物說出自己的想法就可以了。

汪汪汪

您說了什麼，狗狗們怎麼那麼高興啊？

我剛剛說今天我請大家吃炸雞！

我也要試一次！

哇！

汪汪

114

繫在脖子上，然後說出想法～
這個按鈕是什麼？
按按看……
喵～嗚！
（你們要慶幸自己平安地度過盛夏～）
汪汪吼吼吼！
（披著人皮的貓，給牠一點教訓！）
真是的，你按到貓咪說話的按鈕啦！
有那種功能，您怎麼不早說！
難怪我總有不好的預感！

想知道狗狗都在想些什麼嗎？

一高興就搖尾巴？

人類透過言語和表情傳達彼此的情緒，而人類對待動物時，也像對待人一樣想從動物身上尋找意義。但是動物沒有言語或表情，因此人類的推測和動物實際狀態經常不一致。狗的情緒主要可以透過牠們的動作來解讀，最典型的動作便是搖尾巴。就像那首韓國童謠的歌詞「搖著尾巴，好高興喔！汪汪汪」一樣，通常大家都認為狗搖尾巴是在表達喜悅，但其實狗搖尾巴只代表興奮的意思。若是狗將尾巴向上豎起搖擺，並且齜牙咧嘴或吠叫著靠近時，這就很有可能是要攻擊，而不是高興的意思。當狗看到人很高興或想一起玩的時候，會把尾巴放在和身體平行的位置上左右搖擺。當牠們真的很開心時，尾巴會連同臀部一起快速搖擺。如果是尾巴垂下來慢慢搖擺的話，就代表萎靡不振，這時最好緩解牠的壓力，讓牠穩定下來。

見到主人就會笑？

人們認為可以在狗的臉上看到表情，但實際上狗的臉上並沒有像人一樣可以活動臉部的肌肉，所以那只是站在人類的立場上看起來像表情，實際上並不是表情。不過有許多狗主人都會說狗一見到自己就笑，這在某種程度上也有可能是真的。當狗和可靠的主人在一起時，就會放鬆下來，處於舒適狀態。這時，嘴部會輕鬆地張開來，稍微吐出一點舌頭。當牠們以熱切的眼光望著主人，期待主人和自己玩耍時，雖然不會像人類一樣微笑，但也確實表現出心情很好的樣子。相反地，如果齜牙咧嘴地低聲咆哮時，就表示牠處於焦慮狀態，也可能會發出攻擊。這時，不要背對著狗，要慢慢地後退離開。

實在又有趣的科學知識

露出肚子是在撒嬌嗎？

通常我們看到躺在主人面前露出肚皮的狗，會認為牠在「撒嬌」。這種行為在成群結隊的流浪狗或流浪動物身上也看得到，代表「服從首領」的意思。當動物想明確表達自己無意對抗時，就會把身上最脆弱的部位——肚子露出來。狗在主人面前露出肚皮，既是一種承認主人是自己首領的意思，同時也代表自己和主人在一起很舒服的意思。而站在人類的立場來看，會覺得狗在撒嬌，想得到主人的疼愛。從這點來看，雙方的認知似乎也沒有太大的差別。

狗露出肚皮的行為代表信賴

117

狗狗真的愛我們嗎？

透過尖端影像來看狗的想法

功能性磁振造影（fMRI）是一種使用強力磁石來拍攝人體內部活動的裝置。透過fMRI造影可以辨識人類在做出特定動作或感受特定情緒時大腦中被活化的部位，因此常被使用在了解人類大腦的研究上。那麼，如果用fMRI對狗進行造影的話，就可以了解狗的想法嗎？最近在各處完成了幾項讓狗觀看實際物體或短影片，並進行fMRI造影的研究。

研究結果呢？由於還處於初期的研究階段，因此尚未得知結果。雖然已經確定狗在受到特定刺激時大腦中某些部位會被活化，但狗不同於以視覺為優先的人類，狗的嗅覺和聽覺更靈敏，所以還無法確切地辨識出是哪種刺激發揮了作用。不過，由於狗看到人臉時大腦中會有某些部位被活化，因此可以確定的一點是，和其他動物相比，狗的注意力主要集中在人臉上。但是，狗似乎還無法清楚地區別人的正臉和後腦。

參與fMRI研究的狗群

實在又有趣的科學知識

　　雖然我們需要更多的研究來了解狗的想法，但這樣的研究得以實現，其本身就顯示出狗與人之間的關係是很特殊的。為了拍攝 fMRI，狗在參與實驗時必須自己把頭塞進造影機器裡，即使聽到機器發出的噪音也毫不動搖，能做到這一點就代表了狗對人類的高度信賴。

與人對視時狗狗是幸福的

　　其他動物會避開人的目光或將目光接觸視為攻擊的訊號，但狗可以在心情好的狀態下直視人的眼睛。某一項以30隻狗為對象的實驗為，在牠們看著主人的眼睛一段時間之後進行荷爾蒙檢測。結果發現，狗會分泌一種能使牠們感受到親密感的「催產素」。而且不只是在狗身上，在與狗一起相處的主人身上也檢測出催產素來。由此可知，每當彼此對視時，狗和人都感到很幸福。

　　以狼為對象進行相同的實驗時，卻發現狼身上根本不會分泌催產素，所以得出的結論就是，這是只有和人類一起生活的狗才有的特性。學者們認為，狗開始和人一起生活的歷史約自三萬年到至少一萬五千年前，而在這麼長的歲月裡和人類一起生活的狗已經不同於其他野生動物，牠們已經漸漸進化成喜歡和人類對視了。

一旦穿上，它就會自行調整尺寸完全貼合我的身材，
每次走路，它就會散發一股清爽的香味，
天熱時，它還具有自動調降溫度的功能……
真的有這種衣服嗎？

第 8 章

100%量身訂製的萬能超級西裝誕生！

會說話的奈米處理器超級西裝

出現在疲於工作的金寶志課長面前的是伊格納貝爾博士的萬能超級西裝，具備驚人功能的超級西裝，究竟有什麼威力……？

呼～

今天也是累人的一天。

不知不覺中我已經年近四十了……一直沒法晉升，到現在都還只是課長……

這樣下去，我是不是會成為一個不受家人和公司認同的人啊？

？

嗡嗡

啊～這真是一個適合慢跑的傍晚！空氣真清新
咻
咦？從樹幹裡冒出來的人。
喔～太驚人了？他住在這裡嗎？實在是太神奇了……
樹幹上有個按鈕！
砰
什麼！竟然把祕密總部設置在這種地方……？
太厲害了……那個人該不會是情報員或間諜吧？
咦？
絕對不可以按
啊～叫人家不要按，反而讓人更想按！
算了，我不管啦！
按
絕對

嘩
這不是
一套西裝嗎？
那個人的職業
大概是西服裁縫師吧……
太厲害了！
這是只有管理高層才
穿得起的高級西裝……
如果我一路順利晉升
的話，現在至少也是
最資深的部長……
要不要……
偷穿一次看看？
呵呵……有點大件……
不，是大很多！
得先把身體
練壯一點了！

這怎麼可能!

衣服按照我的身材自動縮小了!

奈米處理器是一片十億分之一公尺大小的電腦晶片,它能檢查主人的身體狀況,讓您的日常生活變得更加便利和滋潤!這樣您才能過著不亞於企業總裁的生活……

不亞於企業總裁的生活!

主人,您好!我是安裝了奈米處理器的西裝……具有多樣化的功能!

哇啊!衣服會說話!

對不起,只要一天就好,我穿一天就還給您!

噗嗚嗚
呃……汗臭味～～
好熱呀，
好熱！
啟動淨化
周圍空氣和
香薰功能！
咻咻咻咻
哎呀，
好香喔！
太帥了，男人就
應該要這樣！
大家
早安！
哇～～

將植物中萃取的天然黃瓜香味放進微膠囊中，每次行走時，膠囊就會因為撞擊而破裂，釋放出香味來。
呼！
微膠囊會裂開約15%的開口來釋放香氣，
而只要主人一動，就會裂開到70%。
呼～，大熱天還要穿西裝太熱了！如果能允許員工穿短袖短褲上班該有多好……
你穿這樣不熱嗎？怎麼還一副涼爽的樣子？
嘻嘻
衣服內部裝置了超小型高輸出電池，可以透過電力發揮衣料的涼感功能。

哎呀！
對不起！
啊。
沒關係，我去地下一樓用自助洗衣機就能洗乾淨。
西裝可以水洗嗎？
當然可以！
嗡
嗡
嗡
上了一天班，你不累嗎？
呵呵呵！
黃土功能和超輕量功能！散發遠紅外線來抗菌、除臭、和改善血液循環，並且盡可能少用裡布、墊肩和棉花，以大幅減輕衣服的重量。
衣服
沒有比這更堅固的盾牌了！
皮膚

優秀員工選拔
今年
我們企業的
最優秀員工獎
得獎人是……
便利電子的營業部
金賽志課長
哇
哇
金課長，
恭喜您！
真是
實至名歸！
最優秀員工將可以得到
三十萬元的獎金和晉升的機會！
呼～
多虧有這套西裝，
所有事情迎刃而解！
當初說只借穿一天就還回去，
結果一穿就穿了一個月……
這樣好嗎？
現在還也不算晚！
您……
您是?!

我一直看著你，每天下班都坐在公園的長椅上，一副精疲力盡的樣子。
所以我就想為你做點什麼，想來想去就發明了這套「夢幻西裝」。
不敢相信……
那麼，您是為了我的成功才發明這衣服的嗎？
當然不是！我不是為了你的成功，而是為了增強你的自信心！
光芒萬丈
自信心！
既然你已經找回了自信心，那就把衣服脫下來吧！接受科學的幫助固然好，但如果太依賴科學的話，就有可能又變得懦弱。
啪
好！
握

啊、啊，您做什麼！
搖晃
搖晃
喂，醒醒呀，
在外面睡覺會著涼的！
!
搖晃
搖晃
啊，原來是夢！
站起
?
沒錯，過去的我太
懦弱了，從現在開始
我要活得有自信，
無論是在公司，
還是在家庭！
感謝您
出現在我夢裡……！
什麼
呀？
我出現在你夢裡？
我第一次見到那個人說……
堂堂正正！
充滿自信！
撓撓

防火布料的祕密

保護消防員的防護服

　　為民奉獻令人敬佩的救火英雄──消防員，為了在火勢沖天的危險火場中工作，他們必須穿上特殊衣物──防護服，以保護自己免於受到大火與高溫的傷害。防護服最重要的功能就是阻隔熱氣。由於大火會散發輻射熱，只要一靠近就會暴露在高溫的危險之中。防護服的材質具有阻隔高溫和防燃的效果，即使火星噴濺到身上也不會著火，可以好好地保護消防員。

　　消防員若採取灑水的方式救火，隨著火災現場的火勢大小，也會使用等量的水流，因此防護服也必須具有不被水弄濕的防水功能。如果消防員的衣服被水弄濕，他們就會因為衣服吸水變重而陷入危險之中。防護服除了隔熱、防水的功能之外，還必須具有輕巧、靈活的特性。具有防火、防水功能的消防員防護服是由具備各種功能的纖維所織成的布料層疊剪裁製成。而這種具有特殊功能的絲線，就是「機能性纖維」。

保護消防員免受高溫傷害的防護服

實在又有趣的科學知識

從化學纖維到機能性纖維

　　纖維一般可以大致分為天然纖維和化學纖維，天然纖維是直接取自大自然的絲線，譬如從棉花中抽取的棉線、從蠶繭中抽取的蠶絲線、匯集動物纖毛而成的毛織等。化學纖維則是以石油之類的化學物質為原料製造而成的，如果查看看我們身上衣服的成分表，經常可以看到標示著尼龍、壓克力纖維、聚酯纖維等名稱，這些都是化學纖維的種類。

　　隨著新材料和新的合成方法不斷嘗試創新，化學纖維就能增加許多不同的功能。譬如以聚氨酯為原料製成的「聚氨酯纖維」（俗稱OP）便具有良好的彈性，可以用來製造舒適的衣服。用來製造防護服的化學纖維稱為「芳綸纖維」，可以耐高熱，即使在500℃的高溫環境下也不會燃燒或融化。芳綸雖然像塑膠一樣輕，但硬度卻是鐵的五倍，因此也做為防彈衣的材料使用。「碳纖維」具有重量輕、硬度高的特性，而且可以放入模具中輕易塑形，因此常被用來製造飛機的機翼和機身。

　　機能性纖維被廣泛地應用在我們的日常生活中，譬如在纖維中放入小膠囊，當膠囊破裂時就會散發抗菌成份或香氣，以此製成的衣服現在也很普遍。或者在一般纖維中混入有縫隙的纖維，就能製造出「快乾纖維」，即使衣服被汗或水弄濕，也能很快地變乾。另外，還有一種「涼感纖維」，是在纖維中加入一層薄薄的陶瓷層，一旦貼身穿著，就能提高能量傳導率，快速降低體溫，只要穿上涼感纖維製作的衣服，整個夏天就可以過得很涼爽。

比頭髮還細的超細纖維

拉得超細再切割的化學纖維

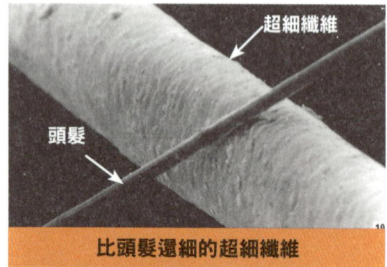

主婦們愛用的抹布中，有一種名為「超細纖維」的抹布。這種抹布又輕又柔，吸水能力比相同大小的其他抹布還要來得強，打掃起來也更方便。「超細纖維」顧名思義就是一種非常細的纖維，名叫「microfiber」，又名「微纖維」。至於它有多細呢？大概是髮絲的百分之一那麼細。超細纖維本身的成分與我們日常生活中使用的化學纖維沒有太大的差別，也是由聚酯和聚醯胺製造而成的，其祕密就在於加工技術。將拉得極細的絲切割成八等分，再用鹼性溶液將切割部分溶解後，就可以在聚酯周圍圍上一圈三角形的聚醯胺做成一束纖維。

比頭髮還細的超細纖維

超細纖維結構放大圖

這樣獨特的結構，使超細纖維可以輕易將水或灰塵吸入三角形切面的間隙中，即使是相同尺寸的抹布，超細纖維抹布可以清潔的面積更大。與一般的纖維相比，超細纖維之間夾有縫隙，因此即使織成相同大小的織物，超細纖維織物的重量也更輕。也因為一般狀態下纖維之間的縫隙充滿了空氣，只要穿上超細纖維製成的衣服，不僅保溫效果好，還幾乎不產生靜電。超細纖維還有一個優點，那就是將水擰出後，空氣便很容易進入縫隙之間，達到快乾的效果。另外防蟎床罩也是用超細纖維製成的，薄而緊密的織物，能阻擋靠吃人體脫落的皮屑成長的蟎蟲穿過，但還是能讓空氣流通。

實在又有趣的科學知識

更細、更強韌的超細纖維用途廣泛

還有一種可以保護動物的動物友善超細纖維。冬天穿的羽絨衣裡，通常是將活鵝的羽絨拔下作為保暖材料使用，於是研究人員便發明了以超細纖維製成的人造保暖材料來取代鵝絨。只要在超細纖維中加入類似毛絨的結構，增添如動物絨毛般充滿空氣的狀態，就能達到比動物絨毛更輕更暖的效果。超細纖維本身就擁有防靜電、易洗快乾等優點，再加上價格低廉，所以成為了可以讓更多人溫暖度過冬天的動物友善化學纖維。

比超細纖維更細的超微細纖維，是先混合了聚合物再抽取超細纖維之後，溶解掉聚合物，只保留剩餘的部分來製成的。如果說超細纖維的粗細是髮絲的百分之一，那麼超微細纖維的粗細就是髮絲的千分之一。隨著加工技術的發展，超細纖維變得愈來愈細，近來使用奈米技術，甚至出現了只有髮絲十億分之一粗細的極致超細纖維（Ultrafine）。使用奈米技術的超細纖維所製成的過濾器可以淨化空氣或應用在人造血管等尖端醫療上。

超細纖維與普通纖維的比較

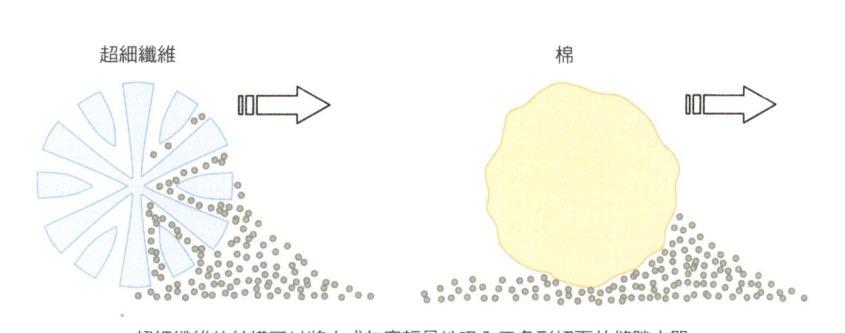

超細纖維　　　　　　　　　棉

超細纖維的結構可以將水或灰塵輕易地吸入三角形切面的縫隙之間。
與普通纖維相比，超細纖維之間有縫隙，即使織成同樣大小的織物，超細纖維也更輕盈。

135

叮鈴鈴～叮鈴鈴～！
每天早晨擾人清夢的鬧鐘。
現在竟然長了腳到處逃竄，
還飛來飛去呢！嗚，想睡個懶覺都不行了！哭哭

第9章

擾人清夢的破壞者 鬧鐘竟然長腳了！

逃竄的鬧鐘

「早起的鳥兒有蟲吃～♫」
有個特別處方，專門把每天早上都和棉被難分難捨的貪睡小孩，變成早起小孩！

> 黎子水！又睡過頭了？還不快起床！

> 哎呀～討厭，再5分鐘就好！

> 再過15分鐘就要開始上課了！沒時間吃早餐啦！

> 快點起床！

※ 掀

> 穿衣服！

> 背書包！

> 唉～每天都睡過頭⋯⋯

> 哈啊～

搖搖 晃晃

> 哪時才能變得勤快一點⋯⋯！

真是的，您有一位貪睡的兒子呢！
您……哪位？
剎車
哈哈……我呢，我是是販賣專治貪睡產品的推銷員，您要不要看看？
太好了！
名片
哦……
請看～
這不是玩具嗎？
08:25
08:25
這不是玩具，是時鐘，而且不是普通的時鐘。我一個一個仔細地為您說明……這個是……那個是……
我的天！
我全買了！
這是明智的選擇！
當天傍晚
咦？

哇！這不是玩具嗎？是買給我的禮物嗎？我生日還沒到呀……
誰規定禮物只有生日的時候才能給？是因為我家子水非常非常「勤快」才給你的禮物～～！
媽媽最棒！
哇！這烤箱裡還有培根耶！
這是海葵，看起來像海膽！
機器人和鍵盤！這是電腦的一種嗎？
咦，仔細一看，全都裝上了時鐘耶！
嘿嘿嘿
看來明天會是一個全新的早晨，那麼……晚安囉，子水……呵呵呵
那表情……什麼意思…？
咕嘟

早安

呼嚕嚕～呼～

叮

滋滋滋滋

嗯？怎麼有焦味……？

嗅嗅

哇啊啊！

砰

這東西又叫培根鬧鐘！

不是烤箱，是時鐘！

時鐘裡面有可以放一片培根的烤盤和爐子，只要設定時間一到，烤盤就會發熱把培根烤熟。如果不想吃焦掉的，就只能趕緊起床。

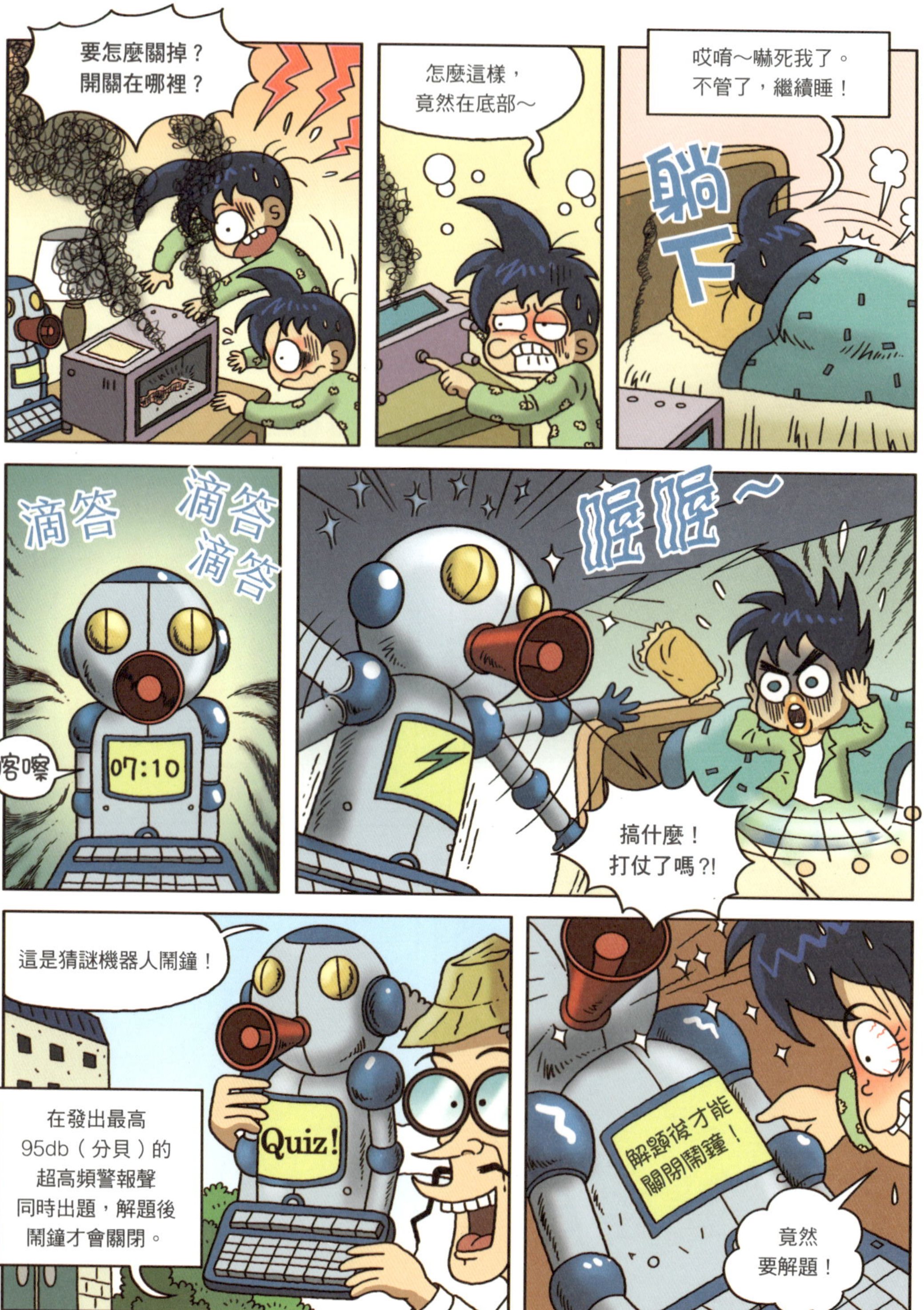

請輸入「鬧鐘」的英文！
！
鬧鐘的英文…?!
喔喔喔
是……a……r……a……
啊！答錯了！聲音變得更大了！
嗶嗶嗶
a、l、a、r、m！
啪啪
……安……靜
呼……總算關掉了……
嘖！不管，我還要睡！我最討厭一大早起床！
鑽
喀嚓

嘀哩哩哩哩
又來了！
假裝沒聽見
嘀哩哩哩 哩哩
嘀哩哩哩哩
哩哩哩
呃啊！我受不了了！
咻
給我安靜點！
啪
這是海葵時鐘！
這個海葵狀的時鐘有一個
內建處理器，因此它可以
從主人手中脫逃，
在房間裡滾動彈跳！
哎唷？時鐘
會逃跑……？
咚
咚

給我站住！
砰
咻
今天就算是不去學校，
也要抓住你！
嘀哩哩哩
哎唷！
還打算逃到
外面去？
咻
好，我看
你能跑到
哪裡去……!!
哎呀！
噠噠噠
你以為躲到別棟
我就抓不到你了嗎？

老婆，我去上班囉～
咦！子水！
給我站住！
哈哈！
甕中
抓鱉囉！
呼
臭傢伙！
嘀哩哩哩哩
彈
嗷！
抓到了！
但不是抓到就結束了。
一根根的突起物全都是開關，
必須按下真正的開關才能關掉。
到底哪個才是
真正的開關呀？
有完沒完！
氣死我了
嘀哩哩哩哩

揍

呼～
總算關掉了……

為了不要再受這種折磨
我明天開始會
早點起床的……

滾滾滾

什麼？

黎子水！
馬上從我房間裡
滾出去！

砰

咦？都咪蕾？
妳為什麼
在這裡？

還能為什麼！因為這裡是我家！
穿著睡衣跑到別人家來也太扯了吧？
馬上給我滾出去～!!

嗒嗒嗒

呃啊～另一個鬧鐘又開始了！

子水呀，多虧你讓我有了製造下一個
發明的資金了，多謝囉！嘻嘻嘻

147

在車上補眠
到站時會自動醒來？

睡眠也有分成不同階段

搭乘捷運或公車時，有時會不知不覺地睡著。但是，不知道為什麼，到了該下車的那一站眼睛就會突然睜開。明明都睡著了，怎麼會像設定了鬧鐘一樣醒過來呢？為了解開這個祕密，我們得先了解入睡的過程。

有一項透過測量睡眠者腦波的實驗結果發現，即使這些人看起來像是睡得很沉，實際上一直則是不斷重複幾個睡眠階段。人的睡眠大致可以分為非快速動眼期和快速動眼期。非快速動眼期又分為1～4個階段，1～2階段是緩緩入睡的淺眠階段，3～4階段是進入沉睡的深眠階段。快速動眼期是做夢的階段，雖然身體處於睡眠狀態，但大腦還保持著如同清醒時一樣活

透過腦波觀察睡眠階段

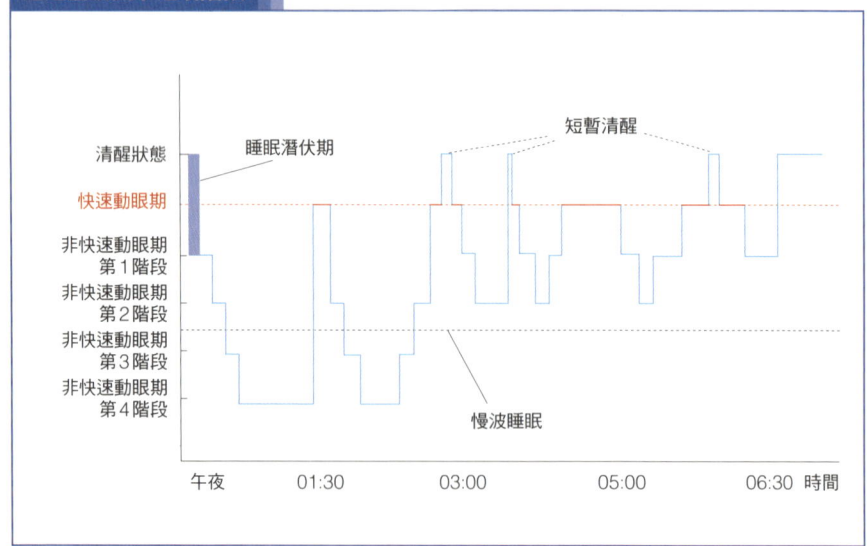

清醒狀態　睡眠潛伏期　　　　　短暫清醒
快速動眼期
非快速動眼期 第1階段
非快速動眼期 第2階段
非快速動眼期 第3階段
非快速動眼期 第4階段　　　慢波睡眠

午夜　01:30　03:00　05:00　06:30　時間

148

實在又有趣的科學知識

躍地運作中。如果每天睡眠時間為8小時,通常會重複淺眠—深眠—做夢這個過程4～5次。

當我們搭乘捷運或公車時,很容易因為引擎傳來的規律振動不知不覺地入睡。但是由於周圍的各種噪音和明亮的燈光,很難進入深眠狀態。因為燈光明亮的話,誘發睡眠的荷爾蒙「褪黑激素」的分泌就會減少,人就無法進入深眠。當我們在捷運或公車上打瞌睡時,由於處在一種無法沉睡的狀態,大腦的一部分還在繼續運作,因此一聽到公車的到站廣播時,就會反射性地醒過來。

更容易聽到和自己有關的聲音

心理學家們有時會用「雞尾酒會效應」來解釋在捷運上剛好在下車地點醒來的現象。雞尾酒會效應是指人們會更容易聽到和自己相關的聲音。大家大概都有這樣的經驗吧,當我們處在眾人自由對話的酒會中或人聲鼎沸的學校下課時間時,只要有人提到和自己相關的話題,那些話就會一下子鑽進我們的耳朵裡。神奇的是,即使我們站在很遠的地方正和其他人交談,可能別的話都聽不清楚,但只要話語中夾雜了自己的名字,我們就會不自覺豎起耳朵來。

雞尾酒會效應是指我們的大腦在吵雜的環境中會作為一種過濾器來過濾聲音,優先處理重要資訊,其中像是自己的名字或與自己相關的資訊會被視為最重要的。當我們在捷運或公車上打瞌睡時,大腦的一部分還處於清醒狀態,而該下車的站名就像自己的名字一樣是和自己相關的重要資訊,因此,即使周圍的人都在說話,或是電台正在播放,我們都能馬上聽到自己要下車的到站廣播,隨即清醒過來。

魚生活在水中也會睡覺嗎？

動物的睡眠習慣因天敵而異

人類平均每天的睡眠時間約 7～8 小時，那麼動物呢？動物的睡眠習慣受到生存環境的影響很大。大型草食動物的睡眠時間最少，譬如長頸鹿、大象、牛、馬、羊等一天就只睡 3～4 小時。甚至因為草食動物必須隨時做好應對天敵襲擊的準備而無法進入深眠，有時眼睛半睜半閉、像打瞌睡一樣不時瞇一下。肉食動物平時透過充分休息來儲備體力，到了狩獵時再集中輸出，像獅子、老虎、獵豹等平均每天睡眠時間為 10～14 小時。而像兔子或老鼠等挖洞躲在洞裡生活的動物，則可以在藏身之處一睡就長達 9 小時以上。與人類一起生活的狗和貓因為沒有天敵，也不用為覓食煩惱，所以都可以沉睡 10 小時以上。

站著睡覺的迷你馬

鳥類的大腦可以「半睡半醒」

鳥類的睡眠方式較為獨特，牠們可以做到「半球睡眠」，也就是把大腦分成兩邊，只有半邊在睡覺。這是為了防範隨時有可能來襲的掠食者，才會採取睡覺時半邊大腦休息，另外半邊大腦保持清醒的狀態。據說鴨子每天睡覺 10 個小時，但如果觀察浮在水面上的鴨子，會發現牠們瞇著的一邊眼睛會不時地張開又閉上，警惕周圍情況。由於大腦半球和眼睛是和彼此相反的一側連結在一起，所以如果看到鴨子有一側眼睛時張時閉，就可以知道牠的相反側大腦呈清醒狀態。

實在又有趣的科學知識

鯊魚和鯨魚的特殊睡眠法

　　魚類會在水中載浮載沉地睡覺。魚類的體內具有魚鰾，所以牠們不用游動就可以浮在水中。鯊魚沒有魚鰾，所以在牠們活著的期間就必須一直游動才能生存。那麼鯊魚怎麼睡覺呢？據說鯊魚為了睡覺會移動到海岸邊，海邊不僅有大量的氧氣，而且水很淺，即使沉下去也不會有太大的危險。此外，鯊魚要睡覺，就需要至少以時速3公里流動的洋流，而鯊魚會迎著洋流微微張開嘴，一邊緩緩游動一邊睡覺。

　　鯨魚是哺乳類動物，所以必須靠肺部呼吸。人們曾經目擊到不同種類的鯨魚以各式各樣的方式睡覺，譬如抹香鯨會把鼻子伸出水面以站姿睡覺，而座頭鯨則經常被觀察到像一截樹幹一樣躺著睡覺。此外，針對人類飼養的海豚進行研究後證實，海豚也和鳥類一樣採用只有半邊大腦睡覺的半球睡眠的方式。由於鯨魚是高度群居的動物，因此是成群睡覺的。人們也觀察到鯨魚在安全的地方會全員沉睡，但在不安全的地方則會輪流入睡。

成群睡覺的抹香鯨

抓呀撓呀，不時地突然開始全身發癢！

不久前我也開始出現異位性皮膚炎的搔癢症狀。

皮膚炎的罪魁禍首竟然是床上的塵蟎！

什麼、床上有蟲？該怎麼消除呢？

第 10 章

非法入侵床鋪的塵蟎，滾出去！

清除塵蟎大作戰

抓呀撓呀～
突然有一天都咪蕾身上
開始出現異位性皮膚炎的症狀。
於是伊格納貝爾博士就開始
翻遍了都咪蕾的家。
原因何在呢？

抓抓 搔搔

真是的～
都咪蕾從剛才就一直
很不衛生地抓個不停！

車車車

啊！
皮膚病？！

老師！我要換位子！
都咪蕾得了皮膚病！
這樣下去
會傳染給我的！

起身

嚇一跳
斷掉

154

不是皮膚病啦，是異位性皮膚炎。笨蛋！
皮膚炎……？
對，異位性皮膚炎不會傳染啦！
天啊……！真的是異位性皮膚炎！
可是，我也不知道自己為什麼會得異位性皮膚炎。
異位性皮膚炎發生的原因有很多。
有的是父母有異位性皮膚炎，遺傳給子女；有的是敏感性皮膚，或者是自己生活的環境中隱藏著造成異位性皮膚炎的罪魁禍首。
害怕
但奇怪的是，我們全家同時得到異位性皮膚炎。
抓搔
哎唷喂！那麼絕對是因為環境因素引發的異位性皮膚炎！
我找找看……有個東西是我專門為這種時候發明的……
拋
拋
拋

容我介紹，
這是異位性皮膚炎
原因搜索器！
異位皮
……什麼？
名字太長了，
就簡稱
「異原搜」
好了！
走，到都咪蕾家裡找
造成異位性皮膚炎
的原因！
噠
噠
噠
咿呀—
閃躲
客廳沒有異常！
收到！
嘰哩
嘰哩
飛快地

廚房也沒有異常！

那麼……難道異位性皮膚炎的罪魁禍首在咪蕾的房間裡……！

正常

嗡嗡嗡

果然！出現強烈訊號。

危險

嘶 嗡嗡嗡

都準備好了嗎？

是！

呼 呼

很好，一、二……

三！

砰

嗶哩哩哩

犯人就在床鋪裡！

來瞧瞧異原搜的顯示器。

成群結隊

哇！這是什麼噁心的東西！

罪魁禍首果然是塵蟎！

塵蟎……！

床鋪上有無數隻肉眼看不見的蟲子，其中最常見的就是塵蟎！

鬧哄哄

不是吧，床鋪裡怎麼會有塵蟎呢？有什麼牠們可以吃的～

怎麼會沒有吃的！一個人落下的1.5公克的角質，就足夠無數塵蟎活好幾年了！

落下

唷呼～來接收兩年份的口糧～

塵蟎屬於蜘蛛綱的一種節肢動物，
被全世界公認為是誘發異位性皮膚炎、
氣喘、鼻炎的原因。
嘻嘻
有你這種親戚
真丟人！
雖然以前
韓國的房子
結構以
炕房為主，
塵蟎
很難繁殖。
但自從住在通風
不良的公寓裡
使用床鋪之後，
這些傢伙就開始
以驚人的速度
飛快繁殖。
搔
搔
搔
最適合塵蟎繁殖的濕度是75%，
溫度是25～28℃。
最佳
環境
75%濕度
熱氣
25～
28度
人一旦睡在床上
兩個小時內熱氣和
汗水蒸發，就形成了
塵蟎在床墊上生存的
最佳條件。
呼嚕嚕
還是人類的
床鋪最好！

那我會癢是因為
被塵蟎咬嗎？
髒死了？
別再
抓了！
搔抓
不，
不是那樣的。
會傷害
人類皮膚的
其實是塵蟎
的糞便。
嘿嘿
呃，糞便？
塵蟎的糞便裡
含有核黃素，
會破壞人類的皮膚！
轟
哈哈，我的便便
威力如何？
轟
那麼，該如何清除
肉眼看不見的塵蟎呢？
砰
轟
嘩
清除方法
有好幾種！
清除塵蟎的方法
哦！
還可以投影！

1. 不耐撞擊，可用擊打的方式。
2. 可以水煮的物品就水煮。
3. 經常通風換氣，把濕度降至75%以下。
4. 消除所有足以成為棲息地的東西。
5. 經常晾曬在陽光下消毒。
6. 不耐寒，可以冷凍處理。
7. 吸塵器清潔後，要更換過濾網。
8. 冷氣機溫度調到22度左右。
9. 夏天時至少一次將地暖的鍋爐調至25度左右後點燃。
10. 使用防汙織物。
11. 點燃柏樹粉，用其香味驅除。
這些清除方法固然好
哇～真多……
但我開發了更具劃時代意義的塵蟎清除方法。
那是什麼？
按
按
以牙還牙！以塵蟎還塵蟎！
嘻嘻
讓我用機器人來消滅塵蟎。
奈米機器人！
喀嚓
…
安～靜
?
什麼嘛！奈米機器人呢？
?
…
已經出動了呀！因為是奈米機器人，肉眼當然看不到。來，戴上這個看看。

哇！我的天呀！
奈米機器人
正在殲滅塵蟎！
而且奈米機器人
正在快速繁殖，
採取了人海戰術！
厲害！
勝
哇～
我們贏囉！
幾天後
喂，你好？

噢，是都咪蕾呀，
異位性皮膚炎
好多了嗎？
皮膚炎都痊癒了，
可是出了更大條
的事情了！
什麼？
大事？
怎麼了？
!
嚼嚼
嚼嚼
咬
嘎嗚嘎嗚
因為奈米機器人
瘋狂複製、繁殖，
它們正在吃掉家裡
所有的電氣用品。
匡噹
吱吱
嘶嘶
啊？

過敏是免疫系統出了問題

免疫系統反應過度

免疫系統可以保護我們的身體免於受到感染或患上疾病。當微生物或寄生蟲等外來物質從外界侵入我們身體時，免疫系統就會主動判斷該物質的危險程度。被判定為危險並引發免疫反應的物質被稱為「抗原」，免疫系統為了對付抗原而產生的蛋白質則稱為「抗體」。免疫系統在處理外來物質時，主要的方式為產生「結合特定抗原的抗體」來使抗體和抗原之間發生相互結合的化學反應，也就是「抗原抗體反應」。

而過敏就是免疫系統反應過度而發生的現象，像是對灰塵、花粉、特定食物等一般來說並不那麼危險的物質產生過度反應。將灰塵、花粉辨識為抗原，並如同對付外來危險物質一樣形成抗體時，所啟動的各種不必要的抗原抗體反應造成的症狀讓人感到不適。輕則像打噴嚏、流鼻水等輕微症狀，重則甚至是呼吸困難等嚴重症狀都有可能發生。

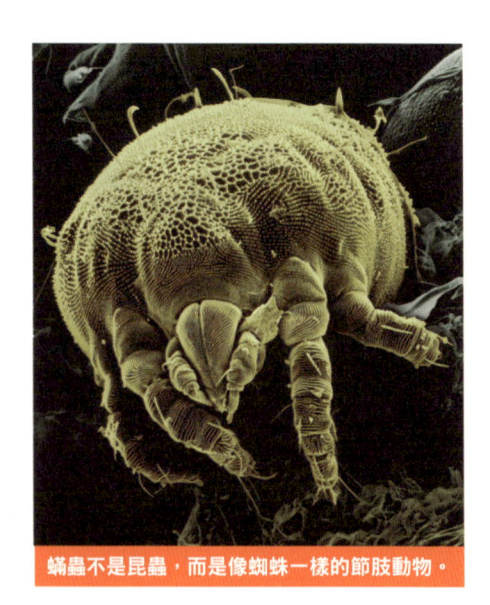

蟎蟲不是昆蟲，而是像蜘蛛一樣的節肢動物。

實在又有趣的科學知識

過敏症狀因人而異

會因哪些物質引起過敏因人而異。像是每到春天，就有人因為花粉過敏而難受。但即使是同一天在同一個地方，有些人一點事都沒有，有些人則難受到甚至會影響日常生活的程度。食品過敏也是因人而異，牛奶、雞蛋、芝麻、花生、魚類等任何食品都有可能成為過敏原因。有些較特殊的過敏即使不接觸、不食用也會引發，譬如只要處在寒冷的地方就會引發的寒冷過敏，以及暴露在日光下引發的日光過敏。

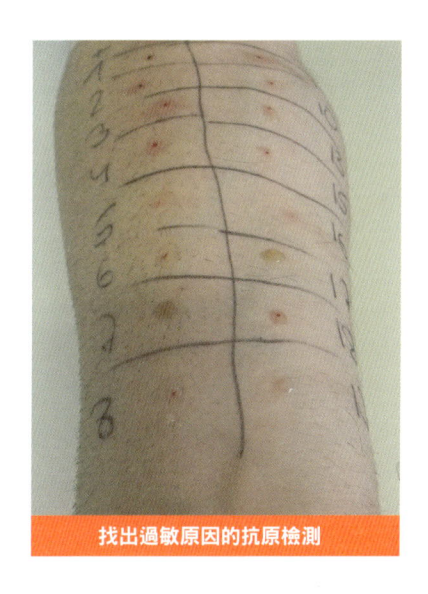

找出過敏原因的抗原檢測

如果因為過敏症狀到醫院就醫，醫生便會進行抗原檢測以找出過敏的原因。抗原檢測的檢測方式是在皮膚上像棋盤一樣畫上格線分區，再塗抹上較為人所知的過敏抗原物質後，觀察接下來的反應。如果有出現腫起的地方，就代表找到了造成這個人過敏的抗原，那麼只要對此給予適當的治療即可。但引發過敏的物質每個人都不一樣，所以抗原檢測不見得能篩檢出所有的過敏原。

對於過敏，預防勝於治療，因此事先了解自己對哪些物質過敏並盡量避開最為重要。近來，加工食品的外包裝上會標示「本產品在製程中有使用花生」等警語，其原因也是為了提醒對特定食品過敏的人應避免食用。也有人對特定抗生素過敏，如果在醫院治療過程中引發過敏現象，就有可能陷入嚴重險境。如果過去曾經因為服用特定藥物或注射針劑而引發過敏症狀的話，最好將過敏經歷牢記在心，並養成每次去醫院時提前告知醫生的習慣。

探索奈米世界的電子顯微鏡

發射電子而不是光的電子顯微鏡

　　大家應該都曾經在學校實驗室中使用過顯微鏡吧。學校實驗室的顯微鏡是利用光線的光學顯微鏡，這是一種將太陽光或燈光映射到觀察對象上，再調整各種類型的鏡片來放大微小物體以便觀察的裝置。電子顯微鏡則是以電子取代光線，將待觀察物體置於真空狀態中，用高壓電加速發射電子，使其碰撞後形成放大的影像。

　　光學顯微鏡只能看到細胞的輪廓，但電子顯微鏡則連細胞內部的細微結構都看得到。雖然電子顯微鏡連原子都看得到，但因為必須保持真空狀態和必須加速電子，所以是一種大型的複雜裝置。由於待觀察物體必須處於真空狀態，所以在觀察帶有濕氣的物體時，就必須先弄乾才行。電子顯微鏡也無法觀察不導電的物體，因此對於這類物體就必須事先在其表面鍍上一層導電膜，以便電子通過。

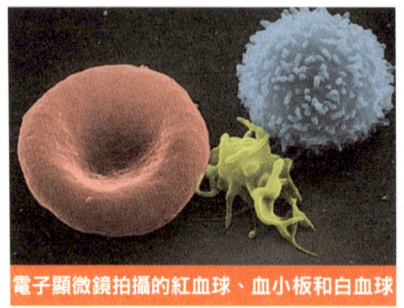

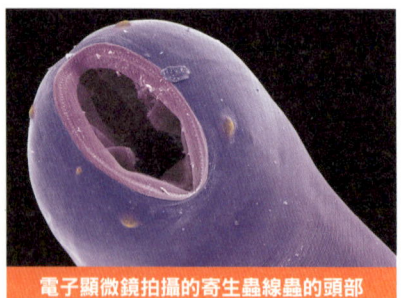

電子顯微鏡拍攝的紅血球、血小板和白血球

電子顯微鏡拍攝的寄生蟲線蟲的頭部

實在又有趣的科學知識

奈米機器研究中不可或缺的電子顯微鏡

奈米是將一公尺縮小到十億分之一那麼精密的程度，而奈米技術就是以肉眼看不見的奈米級精度來合成物質。由於利用奈米技術製成的物質必須靠電子顯微鏡才能用肉眼直接確認，因此必須製造更優良的電子顯微鏡才能促進奈米技術的發展。

奈米機械是指用奈米級精度製造的機械，如果將用奈米機械製造的醫療機器人放進血液裡，平時機器人會在血管裡流動，一旦有病菌入侵，就可以馬上在體內注射必要的藥物，輕鬆地進行治療。到目前為止，奈米技術還處於只能製造簡單的立體圖形或格狀模型的水準，尚無法製造可操作的機器。雖然目前還只能利用奈米技術來製造工具，再透過電子顯微鏡的觀察開始組裝奈米機械。但若持續發展下去，就像現在工廠中的商用機器人製造汽車一樣，奈米機械也會發展到可自行製造更複雜奈米機械的階段也說不定。

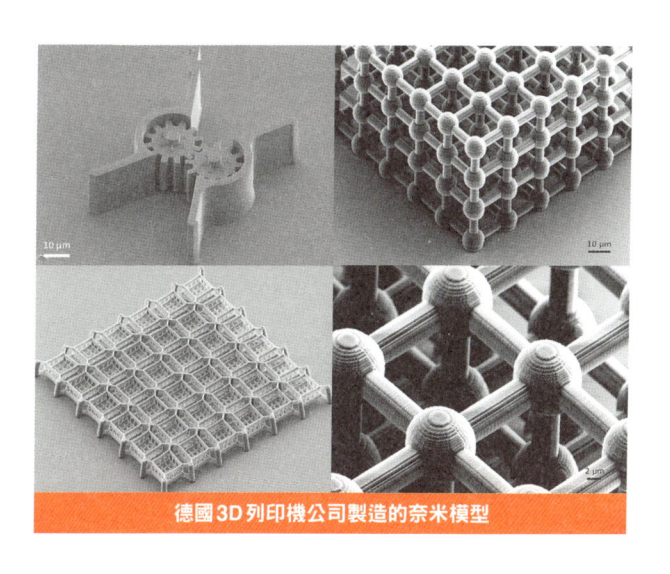

德國3D列印機公司製造的奈米模型

一個人走在漆黑的夜路上,好可怕哦～

如果能擁有像蜘蛛人一樣強大的蛛網武器該有多好?

別擔心～這裡有超強大的防暴網發射器!

第11章

防暴網發射器～
幫我抓壞人！

抓銀行搶匪呀!

活潑里出現了銀行大盜!
正義威爆棚的伊格納貝爾博士
為了抓住銀行搶匪
做出了劃時代的發明……

搶匪呀!

快打電話報警!

絕塵而去

今天中午一點左右活潑里安心銀行遭歹徒入侵搶走了所有現金!

9點新聞

什麼?那是我們家附近的銀行!

我的天～我的定存也在那家銀行存了一年多了～!我的錢呀!

什麼!

嗚～
博士,請您幫幫忙～

怎麼會這樣!

那是我爸辛苦賺來的錢，
我媽一省再省存到銀行裡的定存，
這下全被搶走了～！嗚～
別哭了，擦擦鼻涕。
噗
噗～
謝謝您，博士。
不客氣……
當景氣不佳，社會
愈來愈混亂的時候，
銀行搶匪
就會變多……
吸吸
1930年代美國經濟大蕭條時，
有個傳奇性的銀行搶匪，
名叫約翰・迪林傑。
看什麼看！
約翰・迪林傑
（1903～1934）
年輕時曾在美國海軍服役，
後來被開除軍籍的他
雖然回到故鄉結了婚，
卻因為生活窮困，
最後還是離婚了。

1924年的某一天，他喝醉後和朋友一起洗劫了一處村莊而被警察逮捕。
朋友委任了律師，馬上就被釋放。
但約翰・迪林傑因為沒錢被判刑了12年。
結果他1934年越獄逃了出來。
之後便成立組織，搶劫了好幾家銀行。
BA
各家銀行被搶走的錢總計多達30萬美元！那個金額在1930年代是非常驚人的鉅款！
他成了聯邦調查局的頭號公敵。
$10,000
抓獲迪林傑的人懸賞1萬美元！
$50,00
提供情報的人懸賞5千美元！
ILLINGER

最後，迪林傑因為組織成員的背叛，而被聯邦調查局開槍打中後身亡。
嘻嘻……真有趣。
喂，黎子水！你的好朋友現在鬱悶死了，你還有心情嘻嘻哈哈笑著看電影?!
啊
我不喜歡去電影院，就喜歡在博士研究室裡看電影嘛！
那你為什麼偏要這個時候看！
哎呀呀～
唰啦

沒錯！就是那個！我有了一個好主意！
哎呀呀～
嗯哼～
安心銀行
原來銀行內部長這樣。
轉
嗯
很好
轉
我說，這位博士為什麼要模仿銀行搶匪的樣子啊～？
他不是說只有親身體驗過當銀行搶匪才做得出裝置來嗎～！
嗒嗒嗒！
砰砰
砰砰
喵嗚～
（啊～肚子餓。）
喵嗚？
（哎呀，那是？）
喵嗚！
（這麼剛好！）

喵嗚?!
（這什麼呀?!）
喵～嗚？
（唉唷?!）
不錯！性能卓越！
實驗大成功！
喵嗚？
（搞什麼？）
安心銀行
把抓捕箱
安裝在
銀行大門上方
嗡嗡～
等銀行搶匪
上門時再看看。
心銀行
幾個月後
啊啊！

176

177

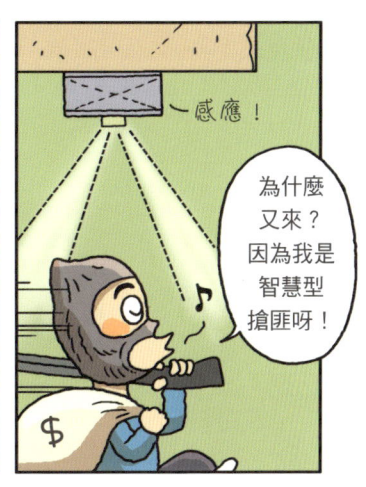

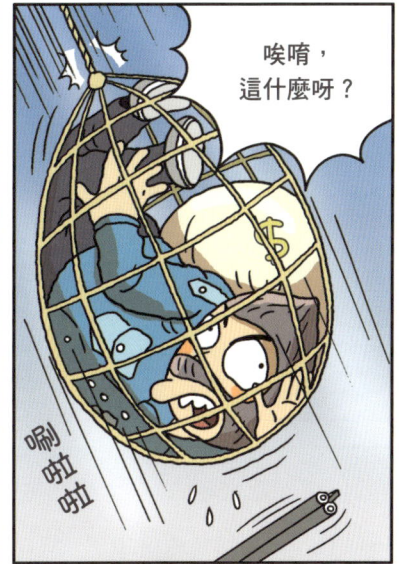

砰
什麼！破掉了。
安心銀
呼～看來銀行也做了
萬全的準備。
一不小心差點完蛋！
要做也做得
完美一點！
那東西誰做的，
品質太爛了吧！
哈哈哈
嘖
下次得多注意
天花板了！
好，那就出發吧！
踩
噗噗～
呃啊！
骨碌碌

嘰——
砰
呵呵呵呵……
伊格納貝爾博士如果知道了
不曉得會有多高興？
匡啷
匡啷
哇哈哈
小學生抓到銀行搶匪
獲頒今年度「正義之士獎」
○○小學
都咪蕾、黎子水！
你們真是補我所短的
得意門生！
太棒了！哈哈！

比鋼鐵更強的纖維

耐500℃高溫的芳綸

　　「芳綸」是一種耐高熱的合成纖維，在相同重量下它的強度是鋼鐵的五倍。芳綸具有不易燃、不收縮、不變形的特性，不僅有毒氣體排放量少，還能承受外來的高強度衝擊。合成和加工芳綸是一項高難度的技術，能夠製造的國家並不多，目前只有美國、日本和韓國這幾個國家在生產芳綸相關產品。

　　芳綸合成時會產生黃色纖維，可以把這些纖維捻成線或織成密實的布料來使用。過去必須使用鋼鏈才能承受的重量，現在則可以用芳綸繩來取代。而芳綸製作的手套可以在工作上保護手部不被鋒利物品劃傷。芳綸的耐火力也很強，可以作為保護消防員的防護服材料使用。如果在芳綸纖維中混合合成樹脂硬化成型的話，就可以製造汽車或太空船的零件。

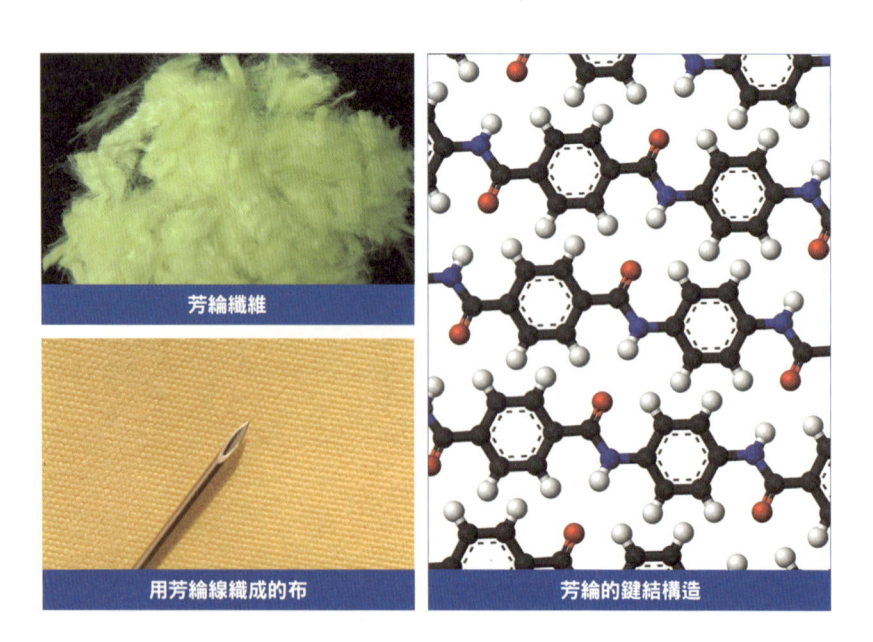

芳綸纖維

用芳綸線織成的布

芳綸的鍵結構造

實在又有趣的科學知識

阻擋子彈的防彈纖維

　　芳綸廣泛應用在許多領域當中，防彈衣也是其中之一。由於芳綸具有碳氫化合物結構，因此比金屬成分來得輕，但因為屬於高分子聚合物，所以具有強大的力量可以阻擋外來的衝擊。利用這些特性，人們可以用芳綸纖維製成衣服；將芳綸纖維層層疊起製作防彈背心；或是在芳綸纖維中添加合成樹脂後，倒入模具中硬化成型，製造防彈頭盔。

　　防彈衣最重要的是不被子彈穿透，但分散高速飛來的子彈動能也同等重要。因為即使擋住了子彈，動能照樣傳導至身體的話，還是很危險。芳綸防彈衣具有與苯的六角形相同方式的組合結構，再透過緊密的網狀編織，就可以像足球球門網以晃動來減少球的動能一樣分散衝擊，保護生命。

　　比鋼鐵更堅固、耐熱、耐衝擊的芳綸也有弱點，那就是芳綸的強度遇水就會減弱。因此在使用芳綸製作防彈衣時，防水處理就相當重要。另外，芳綸在紫外線的照射下也可能會分解，因此在製作芳綸防彈衣時，表面必須用其他布料包覆，以免直接暴露在陽光下。

芳綸防彈頭盔擋住子彈的模樣　　**使用芳綸防彈毯防備爆裂物的訓練場面**

助警察一臂之力的科學

拆除危險的炸彈

當接獲報案在街上看到可疑物體，懷疑是恐怖分子放置的炸彈時，警方該如何處理？雖然警察可以穿上阻擋爆炸衝擊的特殊服裝上前查看，但在不知道爆炸威力的情況下直接靠近是很危險的。這時能協助警方的便是拆彈機器人。首先疏散周圍人群，再讓機器人上前小心地觀察。警方可以透過機器人身上的鏡頭安全地檢查是否為炸彈，即使真的是炸彈，也可以透過遠端遙控來拆除炸彈。機器人的手臂不同於人類，可以在毫不顫抖的穩定狀態下進行精密的動作，足以代替警察執行危險任務。

正在檢查可疑手提袋的警察機器人

致使罪犯昏迷

持刀或槍的罪犯正與警察對峙，警方的目標是在盡量減少傷亡的情況下抓捕罪犯，因此為了避免出現失手開槍的情況，只能小心翼翼地靠近，盡可能維護罪犯的人權與生命，這時就需要有「非致命性武器」的存在。所謂非致命性武器是指以迅速制服對方而不致人於死為目標所製造的武器，主要於警方制服武裝罪犯的情況下使用。最具代表性的非致命性武器便是利用電擊致人昏迷的電擊槍。這種電擊槍開槍時會有兩根細針連著不太顯眼的電線飛射而出，一旦擊中罪犯身體，就可以通過電線發出電擊，致使罪犯昏迷。

實在又有趣的科學知識

追捕逃跑中的車輛

罪犯駕車逃跑，警方該像電影裡那樣追捕罪犯嗎？但是，如果真的像電影一樣雙方高速行駛意圖利用碰撞迫使對方停車的話，就很有可能發生車禍，危害他人。這時就需要有一張網來抓捕罪犯的車輛。將平時摺疊放置在警車前面的網狀物展開，使其卡進罪犯車輛的後車輪，堅韌的網繩就會纏住後車輪，迫使罪犯的車速大減，最後束手就擒。

追捕逃跑車輛的網子

可以看到從電擊槍中飛出的針和電線

牛大便做的冰淇淋……

光想到就讓人作嘔！

不過,聽說真的散發香草味耶?

而且還非常好吃……

便便香草冰淇淋裡面隱藏了什麼祕密?

第12章

便便香草冰淇淋裡有些特別的東西！

便便香草冰淇淋

污穢骯髒的牛糞，
重生為乳白色的冰淇淋。
出發吧！前往超越想像的牛糞無限變身世界～

咦？
你們不去
收集牛糞
在幹什麼？

滋滋滋

前進

哞～？
（牠們幹嘛？）

叮鈴鈴鈴

喂，你好？
這裡是乳牛牧場，
伊格納貝爾博士在嗎？
我就是
你這個
騙子！
嗄？
什麼騙子？
我向你買來
清理牛糞的
20隻糞金龜機器人
集體暴動了！
什麼？
別說清理牛糞了，
糞金龜們把乳牛的
乳汁擠得到處都是，
把農場弄得
亂七八糟！
限你一週內賠償，
不然我就去告你！
怎麼這樣，上次是
奈米機器人出問題，
這次是糞金龜機器人！
喀嗒

看來是處理器有問題～
好吧，看來只有一個辦法可以處理！
怎麼處理？
哎唷！嚇我一跳！你們什麼時候來的？
剛才呀～
還記得～去年我們在乳牛牧場觀察糞金龜的事吧？
當然記得，還有那顆大牛糞球。
趁你們在帳篷裡睡覺的時候，我分析了一下牛糞，然後……
真的假的！
我在牛糞裡發現了驚人的成分！
不會是……黃金成分吧？
好無聊！
那是一種叫「木質素」的成分。
木質素？

木質素是一種植物才有的物質。
植物
細胞
木質素
利用木質素可以製造香草氣味成分的香草醛！
OCH3
OH
是香草冰淇淋的那個「香草」嗎？
身為科學家，就不可以害怕失敗！
失敗對科學家來說就像空氣一樣！
因此必須經常為失敗做好準備！
為了防範糞金龜機器人會失敗，我也對牛糞仔細研究了一番。
啪嗒
嘔
結果
按
嗡嗡嗡
哇啊！

我開發了一台利用
從牛糞中萃取的香草醛
製造冰淇淋的機器。
什麼？用牛糞
製造冰淇淋？
這太荒謬了！
百聞不如一見！
好臭！
嗚嘔
我現在就用牛糞
做冰淇淋給你們看！
鏟
嘔！
1公克的牛糞加入4公升的水
用200度的火力
加熱一個小時
每一公克的牛糞就會誕生
約0.00005公克的香草醛。
哈囉～
CH3
OH
也就是說一坨牛糞
就足夠製造一支冰淇淋！
可是用牛糞做
冰淇淋也太……

*畜牧糞尿：牛、豬、雞等家畜的糞便和尿液。

放入
牛糞！
嘎滋
嘎滋
恰嘎
恰嘎
巧克、
巧克力！
嘶
嘎嘎
出來囉！
來，嚐嚐看。
我不要！
我吃吃看。
舔一口
嗚喔！
都咪蕾！
妳還好嗎？
哇，太好吃了！
哞～

輸入代入量子力學和混沌理論的生產追蹤邏輯電路……這樣那樣……

啪啪啪

傳送程式到糞金龜機器人的處理器！

嗡嗡

已經指示糞金龜去尋找牛糞最多的地方了，請不用擔心！

知道了。

糞金龜不只會清理牛糞！

還可以製造冰淇淋來賣。

可謂一兼二顧*！

摸蜊仔兼洗褲！

控告呢？

當然取消囉！

好，來測試看看吧？

任務開始！

起動

*一兼兩顧，摸蜊仔兼洗褲：台語俗語，指做一件事情得到兩種利益。

193

去尋找
牛糞！
啪
張開
咦？飛走了？
要、要飛去
哪裡？
一個月後
哞～
找到了，找到糞金龜了！
在哪？
真的嗎？
不過……
糞金龜們
好像去了
有點遠的
地方……
……
到底
去了哪裡？

印……度……
印度？
匡噹～
噢～
我的天！
印度不是有很多牛嗎？
還有哪個國家像印度
有那麼多的牛糞呢？
所以糞金龜們
就跑到那裡去了……
先別說冰淇淋，
積了一整個月的
這些牛糞
你打算怎麼辦！
真是屋漏偏逢連夜雨！
什麼意思？
呵
倒楣事一樁接一樁的意思啦！

香草是香味，不是口味！

香草豆莢的原產地

　　冰淇淋每天都會有各種新口味上市！雖然有很多選擇，但有時種類太多了，反而不知道該選哪一種。這時候，不妨回歸基本款，嚐嚐香草味冰淇淋如何？雖然沒有任何新奇刺激的口味，卻有著舌頭已經記住的濃郁味道在等待我們品嚐。不過，正確來說，是由大腦記住的味道。

　　等一下！這裡提到的香草味，我們通常認為是一種口味，其實是一種香味！香草冰淇淋裡面的香草，是一種隱約散發的柔和清新香氣，而我們記憶中的香草冰淇淋的甜香口味，是由牛奶、雞蛋蛋黃和砂糖混合而成的。

　　香草是蘭花的一種，原產地是墨西哥。香草會開出黃色或白色花朵，作為香料使用的部位是果實裡面的「香草豆」。將內含香草豆的綠色豆筴整個發酵之後，只剝出裡面的香草豆來使用，也可以將發酵後的豆筴整個磨碎或煮熟後再過濾使用。

香草花

發酵後的香草豆莢

實在又有趣的科學知識

化學合成的香草醛

　　從植物香草中提煉的香草香料有著悠久的歷史，自西元前就開始成為交易的對象。香草可以壓住牛奶或雞蛋的腥氣，增強濃郁感，因此在西方視為重要的香料，即使是現在也屬於香料當中價格較昂貴的品項。我們在日常生活中常見的香草香味，是透過化學合成製造出來的人造香草氣味，而不是從植物中提煉的天然香草香料，因為價格低廉，可以經常使用。

香草醛的化學結構

　　香草醛是從香草豆中提煉出來的無色結晶體。由於已經分析出香草的化學結構，所以可採用各種方法合成。散發香草氣味的香草醛，可以使用松樹根或米糠等植物性材料，或者使用石油的副產品作為材料來合成。

　　2007年日本科學家利用牛糞合成香草醛，因而獲得搞笑諾貝爾獎。即使同樣是香草醛，以天然材料作為原料合成的話，就可以賣到更好的價格。雖然牛糞也算是一種天然材料，但或許是因為無論如何感覺上都有點「那個」，所以沒人要買牛糞香草醛，廠商也就放棄了大量生產。

用化學製造香味

口味的真相是氣味？

就如同我們將香草香氣記憶成香草口味一樣，嗅覺和味覺之間有著密切的關係。我們的記憶中用舌頭感受到的味道，其實通常都是味覺融合嗅覺而成的感覺。當嗅覺因為老化或意外事故而出現異常時，就可能出現無法辨識口味的症狀，這也顯示了嗅覺與味覺的緊密關係。

利用這種原理，以氣味來表達口味的產品很多。從工廠生產的食品成分表中，常常能發現柳橙汁中添加了橙味香料，巧克力牛奶中另外加了巧克力味香料等情況。就拿柳橙汁來說，先將柳橙煮沸殺菌後經過脫氧處理，就可以長時間保存，但在這個過程中也會把柳橙香氣一併除掉，因此就必須另外添加橙味香料來還原柳橙汁的味道。

就像香草醛會散發香草的味道一樣，檸檬烯也會散發柳橙的味道。檸檬烯是一種從柑橘類果皮中萃取而出的無色液態脂肪族碳氫化合物。也和香草醛一樣，有從柑橘類果皮中萃取出來的天然檸檬烯，也有利用已知的檸檬烯化學結構人工製造的合成檸檬烯。天然檸檬烯和合成檸檬烯雖然都是相同的物質，但可以低價大量生產的合成檸檬烯更為廣泛使用。

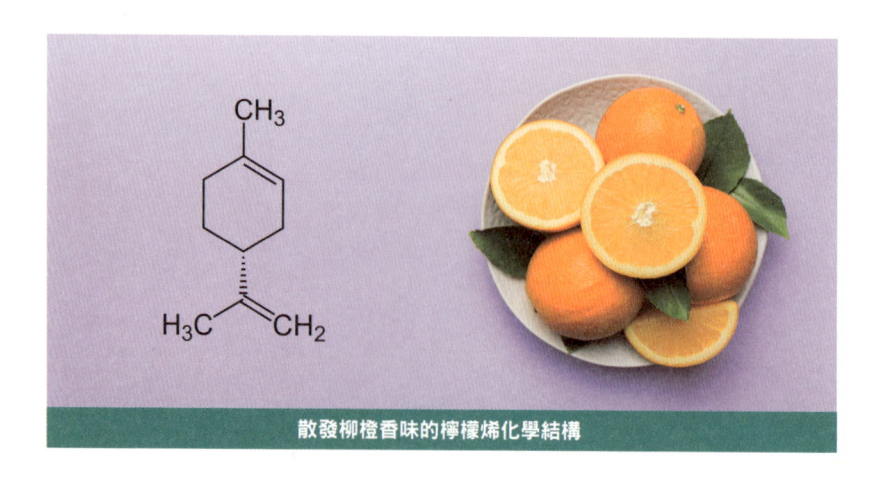

散發柳橙香味的檸檬烯化學結構

人工智慧和氣味

近來有許多研究都在利用人工智慧模仿人類的感覺。為了汽車的自動駕駛功能，研究人員正在製造一種人工智慧，能夠即時分析和判斷透過攝影機或雷達所獲取的影像，以此取代人類的視覺。可以辨識人類語音、理解並回應的人工智慧，早已應用在智慧型手機或家用音響上。

但是，即使是人工智慧也有無法觸及的領域，那就是對嗅覺的判斷。雖然氣味各有其獨特的化學結構，可以透過檢測儀進行檢測和分析，但因為混合在空氣中的各種氣味是以不規則的方式分散開來，因此要辨識氣味並不是一件容易的事情。人類對氣味的感覺不是獨立的，還會和其他感覺，甚至和記憶連結在一起感受。即使已辨識出是哪種氣味，但如果要連同人類感受到的複雜感覺一起判斷，再怎麼聰明的人工智慧也存在著無法突破的界限。

雖然目前已經開發了能夠根據檢測氫氣或甲烷找出氣體洩漏位置的裝置，並將其應用在日常生活中。但對於製造如同人類一樣聞到食物氣味就說得出感覺，或是懂得區分香味和臭味的人造鼻研究，還處在起步階段。即使人工智慧已經能取代人類的許多工作，但是像製造香水的調香師或鑑別紅酒的侍酒師這種聞味判斷的職業，暫時還只會留在人類的領域中。

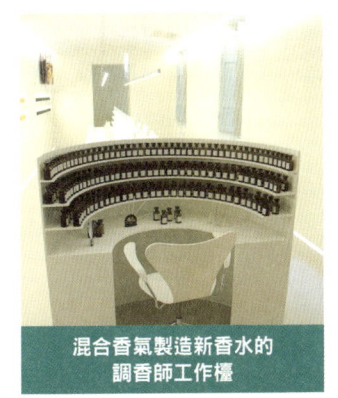

混合香氣製造新香水的調香師工作檯

透過香氣和口感來鑑別紅酒的侍酒師

小朋友們～

我們第二集見囉！

圖片來源

36～37頁 © 도유나 ／38頁（右）© Andrewhirnij - CC BY-SA 4.0 ／39頁（左）© Bengt Nyman - CC BY-SA 2.0 ／39頁（右）© Alpsdake - CC BY-SA 2.0 ／52頁 © OpenStax College - CC BY-SA 3.0 ／54頁 © Patrick J. Lynch - CC BY-SA 2.5 ／68頁 © Erin Silversmith - CC BY-SA 2.5 ／69頁 © MIT ／71頁 © Chabacano - CC BY-SA 3.0 ／85頁（左）© manna nader Gabana Studios Cairo ／86頁 © Festo ／87頁（右）© University of Washington ／87頁（左）© Harvard University ／102頁（右）© Oxford University ／117頁 © 윤미정 ／118頁 © Eötvös Loránd University ／134頁（上）© EvSOP HGUM - CC BY-SA 3.0 ／134頁（下）© Corvette Action Center ／150頁 © Erich Ferdinand - CC BY-SA 2.0 ／151頁 © University of St. Andrews Gatty Marine Research Institute ／165頁 © Nikolay Komarov - CC BY-SA 4.0 ／166頁（右）© Jana Bulantová - CC BY-SA 4.0 ／167頁 © Nanoscribe ／180頁（左上）© Cjp24 - CC BY-SA 3.0 ／180頁（左下）© Bodyarmor - CC BY-SA 3.0 ／182頁 © Levg - CC BY-SA 3.0 ／183頁 © policebumper.com ／196頁（上）© H. Zell - CC BY-SA 3.0 ／196頁（下）© B. navez - CC BY-SA 3.0 ／198頁 © 게티이미지코리아 ／199頁（上）Taco Ekkel - CC BY-SA 2.0

이그너벨 박사의 과학실험 대소동 1
(The Science Experiment Adventure with Dr. Ig-Nobel 1)
Copyright © 2023 by 홍승우(Hong Seung Woo, 洪承佑), Planed by 장익준(Jang Ik Jun, 張益準)
All rights reserved.
Complex Chinese Copyright ©2025 by TAIWAN TOHAN CO., LTD.
Complex Chinese translation Copyright is arranged with JINO
through Eric Yang Agency

小學生漫畫科學大冒險：
伊格納貝爾博士的瘋狂實驗室①
摩斯奇多高頻發射器大戰不良小混混

2025 年 5 月 1 日初版第一刷發行

作 ・ 繪	洪承佑
企　　劃	張益準
譯　　者	游芯歆
編　　輯	謝宥融
特約編輯	柯懿庭
美術設計	許麗文
發 行 人	若森稔雄
發 行 所	台灣東販股份有限公司
	＜地址＞台北市南京東路 4 段 130 號 2F-1
	＜電話＞(02) 2577-8878
	＜傳真＞(02) 2577-8896
	＜網址＞https://www.tohan.com.tw
郵撥帳號	1405049-4
法律顧問	蕭雄淋律師
總 經 銷	聯合發行股份有限公司
	＜電話＞(02) 2917-8022

禁止翻印轉載，侵害必究。
本書如有缺頁或裝訂錯誤，請寄回更換（海外地區除外）。
Printed in Taiwan.

國家圖書館出版品預行編目(CIP)資料

小學生漫畫科學大冒險：伊格納貝爾博士的瘋狂實驗室.1,摩斯奇多高頻發射器大戰不良小混混 / 洪承佑作畫；游芯歆翻譯. -- 初版. -- 臺北市：臺灣東販股份有限公司, 2025.05
204面；17×23公分
譯自：이그너벨 박사의 과학실험 대소동. 1
ISBN 978-626-379-882-3(平裝)

1.CST: 科學 2.CST: 漫畫

307.9　　　　　　　　　　114003581